이원영 박사는 책에도 소개되어 있지만 서울 대학교에서 까치를 연구하던 박사 과정 학생 시절 하도 자주 사다리차를 타고 까치집에 올라가는 바람에 까치들이 그의 얼굴을 기억하고 허구한 날 교정에서 그만 따라다니며 쪼아 댔다. 백의민족이라 모두 흰옷을 입고 있는데도 마을 어귀에 낯선 얼굴이 나타나면 시끄럽게 짖어대는 걸 보고 아마 옛사람들이 "까치가 울면 반가운 손님이 온다."라 했던 것 같다. 그 속담을 과학적으로 규명한 사람이 바로 이 책의 저자 이원영 박사다. 그는 진정 재능과 열정을 겸비한 학자다. 그가 지난 2014년부터 남극에 가서 펭귄을 연구하며 겪은 이야기와 얻은 지식의 보따리를 풀어냈다. 그는 지금 네이버 오디오클립에서 "이원영의 남극 일기"를 방송하고 있다. 참 잔잔하고 훈훈하다. 그러면서 은근슬쩍 하나둘 가르친다. 책도 꼭 방송하듯 썼다. 부담 없이 술술 읽힌다. 그러면서 펭귄과 남극에 대해 몰랐던 사실을 하나둘 배워 간다. 마치 나도 두툼한 점퍼를 입고 펭귄을 바라보고 있는 것처럼 느낀다. 참 훈훈하다.

- 최재천(이화 여자 대학교 에코과학부 교수, 생명다양성재단 대표)

까치의 친구였던 이원영 박사가 펭귄의 친구가 된 지도 몇 년 되었다. 그러면서 그동안 펭귄과 친구하면서 알게 되었던 내용들을 모아『물속을 나는 새』라는 놀라운 책으로 발간했다. 이 책에서 이원영 박사는 우리가 쉽게 가기 어려운 남극 세종 기지에서 실험하고 관찰하고 해석한 펭귄들의 생태와 활동을 소개한다. 펭귄의 의사 소통, 암수 구별, 수명, 새끼 사랑, 스트레스, 다른 펭귄 사이의 관계도 들려준다. 또 그를 기억한 펭귄 이야기와 함께 그 옆에 있는 새들도 만난다. 이 책에는 땅 위에서 보이는 펭귄의 활동과 더불어 물속에서 이루어지는 활동도 등장한다. 펭귄의 수중 생활을 촬영하고 기록한 우리나라 학자는 그가 처음인데, 그만큼 알고 관심이 있어야 하기 때문이다. 재미있게 글을 쓰고 아름답게 사진을 찍는 이원영 박사의 책을 펼치면 멀게만 느껴지던 펭귄들이 아주 가까이 다가온다. 호기심 많고 남극을 좋아하는 청소년 누구에게나『물속을 나는 새』를 강력히 추천한다. 이 책을 통해 펭귄을 포함한 동물과 남극과 대자연을 좀 더 잘 알고 사랑하게 되리라 확신하기 때문이다.

- 장순근(『남극 탐험의 꿈』 저자, 세종 기지 1차 월동 조사대 대장)

물속을
나는새

동물 행동학자의 펭귄 관찰 일지

물 속 을

나 는 새

이원영

사이언스북스
SCIENCE BOOKS

아내 보경에게

↘ 남극 세종 기지 인근 나레브스키 포인트의 젠투펭귄.

차가운 공기가 뺨을 때린다. 이제껏 한 번도 느껴 보지 못한 종류의 추위에 온몸이 시리다. 주위에는 하얀 눈과 파란 바다, 그리고 그 바다 위에 떠 있는 얼음뿐이다. 가끔 새들이 휙 하늘을 가르며 무심히 지나간다. 아무리 눈을 씻고 찾아도 나무는 보이지 않는다. 그렇다, 나는 남극에 왔다.

남극에 가게 된 이야기부터 시작해 보자. 나는 원래 까치를 연구했다. 석사, 박사 과정 내내 6년간 까치를 쫓아다니며 조류의 양육 행동을 공부하다가 2014년 2월 박사 과정을 마무리했다. 졸업을 하면서 앞으로 무엇을 해야 할까 진지하게 고민했다. 계속 까치를 연구하는 방법도 있었지만 새로운 연구에 도전하고 싶었다.

그렇게 국내외 여러 연구 기관을 알아보다 극지연구소에서 남극 펭귄을 연구할 사람을 찾는다는 것을 알게 됐다. 까치에서 펭귄으로 옮겨 간다는 것이 적잖은 부담이었지만 펭귄도 까치처럼 날개 달린 새니 연구 방법은 비슷하리라는 생각이 들었다. 내가 언제 남극을 가 보겠는가? 게다가 펭귄! 지구상에서 가장 가기 힘든 곳을 무대로, 가장 매력적인 동물을 연구할 수 있으리라는 기대감이 생겼다.

그래서 한국연구재단에서 지원하는 박사 후 연구원 프로그램을 준비했다. 남극은 최근 학계에서 중요하게 다뤄지는 지구 온난화와 관련해 주목받는 지역이고, 펭귄은 남극을 대표하는 조류이기 때문에 '기후 변화와 펭귄의 번식 생태'를 주제로 정했다. 다행히 지원서가 선정되면서 2014년 6월부터 연구원 생활을 시작했다. 그리고 그해 겨울, 남극행이 결정됐다.

한국과 달리 남극은 11월부터 이듬해 2월이 가장 따뜻하다. 이때가 남극의 여름이다. 그래서 이 시기에 맞춰 펭귄들이 번식을 시작한다. 남극에 가기 위해 우선 외교부에 허가서를 내고 건강 검진을 받았다. 남극에서 펭귄을 연구하는 데 필요한 물건들을 준비하기 시작했다. 배낭, 신발, 장갑, 선글라스 등 필요한 모든 것들을 리스트로 만들었다. 남극에 도착한 뒤에 아차 싶은 게 있다면 이미 늦은 거니까. 그렇게 만반의 준비를 마치고 11월이 되어 남극으로 떠났다. 프랑스 파리, 칠레 산티아고를 거쳐 남아메리카 대륙 최남단인 푼타 아레나스로 갔다. 비행 시간만 25시간이 넘는 장거리 여정이다. 여기서 다시 전세기를 대여해 세종 기지 인근 비행장으로 3시간을 더 날아갔다. 그리고 비행장에서 조디악(고무 보트)을 타고 30분을 더 간 뒤에 드디어 세종 기지에 도착했다. 이동하는 데만 총 4박 5일 걸렸다.

펭귄의 기다림

사람만큼이나 펭귄들도 남극의 여름을 기다렸을 것이다. 남극의 겨울이 시작되는 3~4월에 따뜻한 곳을 찾아 떠났던 펭귄들은 10월경 기온이 올라가고 바다가 녹으면 번식지에 나타나기 시작한다. 세종 기지 인근에는 일명 '펭귄 마을'이라 불리는 대규모 펭귄 번식지가 있다. 5000쌍이 넘는 젠투펭귄(gentoo penguin, *Pygoscelis papua*)과 턱끈펭귄(chinstrap penguin, *Pygoscelis antarctica*)이 떼를 지어 둥지를 만들고 새끼를 키우는 곳이다. 공식 명칭은 나레브스키 포인트(Narębski Point)로서, 2009년에는 생태학적 중요성을 인정받아 남극 특별 보호 구역(Antarctic Specially Protected Area, ASPA) 171호에 지정되어 사람의 출입을 제한하고 펭귄들을 보호하고 있다.

펭귄이 있는 곳에는 당연히 펭귄의 먹이인 크릴과 물고기도 있고, 펭귄을 먹이로 하는 표범물범(leopard seal)이나 펭귄의 알과 새끼를 노리는 도둑갈매기가 있다. 이들도 남극의 여름에 맞추어 펭귄 번식지에 나타나 자기의 둥지를 만들어 번식한다. 바다까지 얼어붙는 남극의 겨울을 참아 낸 동물들은 여름이 되면 모두 기다렸다는 듯이 열심히 먹이를 잡고 새끼를 키워 낸다.

펭귄을 기다리며

남극에서 펭귄을 만나 처음 한 일은 펭귄을 잡아 추적 장치를 부착하는 작업이었다. 펭귄은 물속에서 먹이를 찾기 때문에, 사람이 눈으로 관찰하는 데 한계가 있다. 그래서 펭귄 같은 잠수 동물의 실제 생활은 알려진 바가 별로 없었다. 비교적 최근인 1990년대부터 작은 동물에 부착할 수 있는 기계들이 본격적으로 개발되면서 숨겨진 사생활이 조금씩 알려지기 시작했다. 위치를 추적할 수 있는 장치나 비디오카메라 등을 부착하면 펭귄의 움직임과 그들의 눈으로 본 세상을 엿볼 수 있다. 과학자들은 이런 장비들을 바이오로거(Bio-logger)라고 부른다.

펭귄의 몸에 부착하는 바이오로거는 크기가 작고, 높은 수압도 견디도록 만들어졌기 때문에 가격이 꽤 비싸다. 비싼 장비들은 하나에 수백만 원을 호가한다. 그래서 장비들을 부착할 때에는 매우 신중해야 한다. 회수율을 조금이라도 높이기 위해서는 건강한 놈을 골라야 한다. 바다에 나갔다가 표범물범의 먹이가 되어 다시 돌아오지 않는 불상사는 없어야 하니까.

5000쌍이 넘는 펭귄들 가운데, 가장 튼실하고 상태가 좋아 보이는 부모들을 눈여겨본다. '음, 저 정도면 쉽게 잡아먹히지는 않겠어.' 이런 생각이 드는 녀석을 고르기가 쉬운 일은 아니다. 덩치 큰 놈들을 우선적으로 살펴보지만, 가능하면 남들보다 알을 더 빨리 낳아서 새끼가 잘 크고 있다면 더 좋다. 번식을 빨리 시작하는 부모일수록 새끼를 잘 키운다고 알려져 있기 때문에, 몸 상태가 좋을 확률도 높다.

╲ 바이오로거를 부착할 펭귄을 고르고 있는 연구자. 둥지에서 짝과 교대를 하고 바다로 향하는 녀석 가운데 적당한 녀석을 고르기란 쉽지 않다. 가끔은 한 마리를 고르는 데 1~2시간이 걸리기도 한다.

　그렇게 세심하게 고른 펭귄들을 붙잡아 바이오로거를 달고 나면, 그때부터 기다림이 시작된다. 펭귄에 달아 놓은 장치를 회수하기 위해 기다리는 것이다. 행여 장치가 몸에서 떨어지거나 펭귄이 돌아오지 않으면 값비싼 기계를 잃어버렸다는 슬픔은 물론이고, 기계에 기록된 소중한 정보들이 모두 사라져 그동안의 노력이 수포로 돌아가고 만다.

　그럼 펭귄이 언제 돌아올지 어떻게 알고 기다릴까? 펭귄 부모는 암컷과 수컷이 교대로 똑같이 새끼를 품기 때문에 교대 시간이 10~12

시간 된다고 알려져 있다. 따라서 둥지에서 짝과 교대를 하고 바다로 나가는 펭귄에게 장치를 달 수 있다면, 돌아오는 시간을 어느 정도는 예측할 수 있다. 예를 들어 오후 4시에 부착을 했다면 다음 날 오전 2~4시에 둥지로 돌아와 정오 무렵까지 새끼를 품고 있을 확률이 높을 것이다. 그러니까 다음 날 오전 중으로 같은 펭귄 둥지에 찾아간다면, 바이오로거를 달고 있는 펭귄을 만날 수 있다는 계산이 선다.

하지만 이것은 어디까지나 계산상의 이야기다. 펭귄이 바다에서 10~12시간 머문다는 것은 평균적으로 그렇다는 것이고, 실제 돌아오는 시간을 측정해 보니 경우에 따라 편차가 크게 나타났다. 4시간 만에 돌아오는 때가 있는가 하면, 어느 날은 20시간이 지나도 돌아오지 않기도 했다. 왜 이렇게 차이가 나는지 정확한 이유는 밝혀지지 않았지만 바다의 날씨나 먹이 상황에 따라 달라진다고 추측하고 있다.

예상했던 대로 펭귄이 나타나지 않는 날은 달리 방법이 없다. 기다리는 수밖에. '기다리다 보면 자기 둥지로 찾아오겠지, 어딜 가겠어.' 펭귄 둥지가 잘 보이는 곳에 자리를 잡고 앉아서 기다린다. 운이 좋으면 금방 나타나는 경우도 있지만, 어떤 날은 10시간 이상 기다리기도 한다. 강한 바닷바람을 맞고 있노라면 추위에 머리가 어질어질하다. 처음에는 이런 기다림이 너무 힘들었다. 내가 여기서 대체 무얼 하고 있는 건가 싶은 생각부터, 괜히 펭귄 연구를 시작했구나 하는 후회도 들었다. 그런데 기다림이 일상이 되어가면서 남극의 바다를 바라보며 시간을 갖는 일도 썩 나쁘지 않구나 싶었다. 가만히 머릿속으로 연구 계획과 실험들에 대해 생각할 수 있었고, 펭귄들의 움직임을 자세

물속을 나는 새

히 살피면서 새로운 아이디어가 떠오르기도 했다.

　펭귄은 먼바다를 헤엄쳐 크릴 떼를 만나기를 기다린다. 도둑갈매기는 펭귄의 알과 새끼를 사냥하기 위해 기다리면서 틈을 노린다. 그런 동물들을 관찰하는 나 역시 하루 종일 몸을 웅크리고 앉아 기다린다. 기다려야 하는 일이 있다. 기다리다 보면 문득 눈에 들어오는 것들도 있다. 기다림의 미덕을 펭귄도 알고 있겠지? 겨울을 기다려야 봄이 온다는 사실을.

이 책에 소개된 현장 연구는 환경부 용역 과제인 "남극 특별 보호 구역 모니터링 및 남극 기지 환경 관리에 관한 연구(2,3,4) (PG14030, PG15040, PG16040, PG17040)", 극지연구소 "CCAMLR 생태계 모니터링 수행을 위한 장기 연구 기반 구축 (PE15450)"의 지원을 받아 이루어진 것이다.

차례

↘ 남극 킹조지 섬 나레브스키 포인트에서 관찰한 젠투펭귄.

01 펭귄, 북극에 가다

얼마 전 연구실로 모 방송국 작가의 전화가 한 통 걸려 왔다.[1]

"안녕하세요, 과학에 관한 궁금증을 풀어 주는 코너에 시청자가 펭귄이 북극에 살지 않는 이유에 관해 질문을 했는데 전문가의 답변을 구하고 있습니다. 펭귄은 왜 북극에 살지 않고 남극에서 살까요? 30초 정도로 박사님의 의견을 짧게 부탁드립니다."

순간 당황스러웠다. 박사답게 그럴듯한 답변을 바로 내놓고 싶었지만, 30초 분량의 명쾌한 설명이 머릿속에 떠오르지 않았다. 잠시만 기다려 달라고 부탁하고 생각을 정리했다.

"먼 조상 때부터 남반구의 환경에 잘 적응했기 때문일 겁니다. 펭권의 조상은 이미 신생대부터 뉴질랜드 부근에 살면서 바닷속을 헤엄치던 잠수 조류였거든요."[2]

작가는 다시 물었다.

"그러면 펭귄을 북극에 데려다 놓으면 어떻게 될까요?"

북극의 바다에서 북극곰과 함께 헤엄치는 펭귄의 그림이 잘 그려지지 않았지만, 펭귄의 생존 조건들에 관해 곰곰이 따져본 다음 대답했다.

"만약 남극에 있는 펭귄들을 인위적으로 북극에 데려다 놓아도 잘 살 수 있을 겁니다. 하지만 펭귄은 하늘을 날아다니는 조류가 아니기 때문에 남반구에서 북반구까지 먼 거리를 쉽게 이동하지 못한 것 같아요. 북반구에서는 펭귄의 서식지가 없습니다."

펭귄은 북반구에도 있다

전화를 끊고 나자 찜찜한 마음이 가시지 않았다. 질문에 제대로 된 답변을 내놓지 못했다는 생각이 들었다. 사실 많은 사람들이 알고 있진 않지만, 펭귄은 남극 외에도 아프리카, 오세아니아, 남아메리카 대륙에 걸쳐 남반구 전역에 널리 분포하고 있다. 특히 갈라파고스펭귄은 적도 가까이에 산다.

왜 펭귄은 적도 넘어 북반구에는 정착하지 못했을까? 스스로 날지는 못하지만 강한 바람과 해류의 도움으로 이동할 수 있지 않았을까? 만약 이동이 가능했다면 북반구에도 펭귄의 먹이가 되는 물고기

✻

가 많을 텐데, 서식지를 북쪽으로 넓히지 못한 이유는 무엇이었을까? 꼬리를 무는 질문이 이어졌다. 나는 펭귄 연구자들의 문헌 기록을 뒤적이며 북반구에서 펭귄이 발견된 사례는 없는지 찾아보았다.

과연 북반구에도 펭귄 번식지가 있었다. 1970년대부터 50년 가까이 갈라파고스펭귄(Galapagos penguin, *Spheniscus mendiculus*)을 연구해 온 미국 워싱턴 대학교 디 보어스마(Dee Boersma) 교수의 연구에 따르면 갈라파고스 군도에서 가장 큰 섬인 이사벨라 섬(Isabela Island)의 북쪽 끝에는 갈라파고스펭귄 몇 쌍이 번식을 하고 있다.[3] 이사벨라 섬이 남위 1도에서 적도를 지나 북위 0.1도까지 걸쳐 있기 때문에, 이 섬에 사는 펭귄들은 남반구, 적도, 북반구에 모두 걸쳐 살고 있는 셈이다. 결국 방송 작가에게 펭귄이 북반구에서 서식하지 않는다고 했던 내 대답은 틀렸다. (펭귄 전문가라고 믿고 연락하셨는데 잘못된 정보를 말씀드려 죄송합니다. 이 글을 빌려 정정하겠습니다.)

하지만 갈라파고스펭귄을 제외하면 다른 펭귄들의 서식지는 남반구에 제한되어 있다. 화석 기록을 따라가 보면, 펭귄의 오랜 조상들은 뉴질랜드 해안에서 잠수를 하며 물속의 먹이를 먹었다. 신생대까지만 하더라도 인간 크기에 버금가는 커다란 몸집이었지만 이후 작은 형태로 진화하면서 남반구 곳곳에 자리 잡았다. 수온이 낮고 영양 염류가 풍부한 물을 따라 적응해 온 펭귄들에게는 따뜻한 적도 바닷물이 북반구로 가지 못하게 막는 장벽이었다.[4]

↘ 갈라파고스 군도 이사벨라 섬의 모레노 포인트(Moreno Point) 바위에 있는 갈라파고스펭귄과 푸른발부비새(blue-footed booby).

알래스카에서 발견된 펭귄

2002년 여름, 어부 가이 데머트(Guy Demmert)는 알래스카 노예스 섬(Noyes Island)에서 연어를 잡고 있었다. 그러던 중 연어를 잡으려고 들어 올린 그물에 검고 흰 바닷새 한 마리가 함께 올라왔다. 다행히 바닷새는 건강해 보였다. 그는 사진을 찍고 다시 바다로 돌려보냈다. 조류학자들이 사진을 확인해 보니, 놀랍게도 그 바닷새는 바로 훔볼트펭귄(Humboldt penguin, *Spheniscus humboldti*)이었다.[5]

펭귄이 어떻게 알래스카에 왔을까? 가장 먼저 떠오르는 가설은 펭귄이 서식지에서 먼 거리를 헤엄쳐서 왔을 가능성이다. 노예스 섬은 북태평양 알래스카 만 동쪽 해안에 있는데, 이곳은 북극권 바로 아래 위도 55도가 넘는 곳이다. 하지만 훔볼트펭귄의 본 서식지는 남쪽으로 1만 킬로미터 이상 떨어진 페루와 칠레 연안이다. 그렇다면 펭귄이 1만 킬로미터가 넘는 거리를 이동할 수 있을까? 훔볼트펭귄은 몸길이 60센티미터, 무게 4킬로그램 정도 나가는 비교적 작은 펭귄이지만, 수영에 꽤나 능숙해서 먼 거리를 헤엄칠 수 있다. 실제로 훔볼트펭귄보다 더 작은 쇠푸른펭귄(little penguin, *Eudyptula minor*)이 번식지인 오스트레일리아 남부 해안에서 동쪽으로 약 1만 킬로미터 떨어진 칠레에서 발견된 적이 있다.[6]

하지만 똑같이 1만 킬로미터를 헤엄친다고 하더라도 칠레에서 알래스카로 헤엄치는 것은 다른 문제다. 해류의 도움을 받을 수 없을 뿐더러, 적도를 건너기 위해 수온이 섭씨 20~35도에 달하는 구간을

물속을 나는 새

4500킬로미터 가까이 건너가야 한다. 특히 훔볼트펭귄은 섭씨 30도가 넘는 고온의 환경에 매우 취약하기 때문에 그렇게 긴 거리를 헤엄쳐서 이동했다고 보기는 힘들다. 그렇다면 펭귄이 스스로 이동한 것이 아니라 다른 무엇의 도움을 받았을 가능성이 높다.

미국의 펭귄 연구자인 에이미 판 뷰렌(Amy Van Buren)과 보어스마에 따르면, 남아메리카 해안에서는 종종 펭귄들이 어선에 실려 있는 광경이 관찰된다. 특히 페루에서는 어부들이 야생의 펭귄들을 잡아서 배에 묶어 놓고 애완용으로 키우는 일도 있었다고 한다.[7] 우연이든 고의든, 아메리카 대륙을 종단하는 어선에서 펭귄을 태웠다면 페루나 칠레에 사는 훔볼트펭귄이 알래스카까지 이동할 수도 있었을 것이다. 북반구의 고위도 해안에서 펭귄이 발견된 사례는 몇 차례 더 있다. 하지만 아직까지 펭귄이 북반구에 정착해 알을 낳고 새끼를 키웠다는 번식 기록은 없다.

노르웨이의 위험한 실험

20세기 초 노르웨이 인들은 남극에 사는 펭귄을 북극에 가까운 노르웨이에 데려다 놓으면 어떨까 궁금해했다. 그러고는 이내 실행에 옮겼다. 노르웨이 극지연구소의 모태가 되는 연구기관 NSIU(Norges Svalbard- og Ishavsundersøkelser)의 창립자인 아돌프 호엘(Adolf Hoel)은 1936년과 1938년 두 차례에 걸쳐 펭귄을 노르웨이에 들여왔다. 북극권에 속하는 로포텐 군도(Lofoten Islands)의 뢰

스트(Røst)에 임금펭귄(king penguin, *Aptenodytes patagonicus*) 두 쌍을 들여왔고, 핀마크(Finnmark)의 예스바르(Gjesvær)에 다섯 마리를 풀어 줬다. 아프리카펭귄(African Penguin, *Spheniscus demersus*), 마카로니펭 귄(macaroni penguin, *Eudyptes chrysolophus*), 바위뛰기펭귄(rock-hopper penguin)도 추가로 도입되어 노르웨이 해안에 옮겨졌다.[8]

호엘은 남극의 새가 노르웨이의 동물상을 더 다양하게 만들어 준 다고 믿었고, 펭귄 고기와 알이 경제적으로 도움이 되기를 바랐다. 하 지만 대부분은 1년을 채 넘기지 못하고 죽은 채 발견되었고, 펭귄을 처음 본 사람들이 불길한 동물이라 여겨 총으로 쏘는 일도 생겼다.

펭귄 외에도 남극물개(Antarctic fur seal)를 가져왔으며, 그린란드에 사는 사향소(muskox)를 노르웨이 스발바르 군도(Svalbard Islands)로 들 여오기도 했다. 하지만 펭귄의 경우와 마찬가지로, 노르웨이에 정착 시키는 데 실패했다. 또한 노르웨이 인들은 북유럽에 서식하는 순록 (reindeer)을 데려다가 반대로 아남극권 도서 지역에 풀어 놓았다. 순 록은 1911년 대서양 남쪽 사우스조지아 섬(South Georgia Island)에 도 입된 후, 포식자가 없는 환경에서 그 숫자가 크게 증가했다. 결국 생태 계를 위협하는 수준으로 급격히 증가했고, 2011년부터 대대적인 조 절을 통해 2015년에는 섬에서 사라지게 되었다.

스웨덴의 역사학자 페데르 로버츠(Peder Roberts)와 돌리 요르겐센 (Dolly Jørgensen)은 노르웨이 인들이 시도했던 실험을 "제국주의적 권 위(Imperial authority)를 나타내기 위한 수단"이었다고 규정한다.[9] 노르 웨이 인들의 펭귄 도입은 지난 수세기에 걸친 유럽 인들의 생물종 도

\ 2011년 1월, 사우스조지아 섬 젠투펭귄 번식지에서 촬영된 순록 무리.

입 시도의 연장선으로 이해할 수 있다. 미국의 역사학자 앨프리드 크로스비(Alfred Crosby)는 저서 『생태학적 제국주의: 900년부터 1900년까지 유럽의 생물학적 팽창(Ecological imperialism: The Biological Expansion of Europe, 900~1900)』을 통해 유럽 인이 아메리카 대륙, 오스트레일리아, 뉴질랜드 등지로 이주하면서 끼친 생태학적 영향을 비판했다.[10]

유럽 인들은 이른바 신대륙으로 진출하면서 동시에 많은 생물들을 함께 가져갔다. 이들은 작물 생산을 위한 식물뿐 아니라, 조류나 포유류와 같은 대형 동물도 함께 풀어 놓고 유럽과 비슷한 자연 환경을 만들려고 했다. 심지어 본토에서 즐겼던 사냥을 재현하기 위해 꿩과 찌르레기를 풀어 놓기도 했다. 이에 따라 동식물 외에도 각종 절지동물들과 병원균들도 함께 이동했다. 그 결과 미국에는 5만 여 종의 외래종이 도입된 것으로 추정되며, 뉴질랜드에서는 자연적 산림 군집이 거의 사라지고 유럽에서 건너온 동식물들로 대체되었다.[11]

펭귄이 북극에 없는 이유는?

펭귄이 북극에서 살아남지 못한 이유는 무엇이었을까? 왜 사우스조지아 섬의 순록이나 미국의 찌르레기처럼 성공적으로 정착하지 못했을까? 외부에서 옮겨진 동물이 바뀐 서식지에서 살아남기 위해 가장 중요한 것은 먹이원이다. 북극의 바다에도 펭귄의 먹이가 되는 작은 물고기들과 크릴이 많다. 북극에는 바다오리처럼 펭귄을 닮은 잠수성 조류들도 살고 있다. 그리고 북극은 남극만큼이나 수온이 낮고 계절이 변하는 주기도 유사하다.

하지만 남극과 달리 북극에는 북극곰이나 북극여우와 같은 육상 포식자들이 많다. 그래서 만약 펭귄이 알을 낳고 새끼를 키우려는 시도를 한다 하더라도, 알과 새끼를 먹이로 삼는 포식자들의 영향으로 인해 번식이 성공할 확률은 매우 낮을 것이다.

남극을 여행하고 돌아온 한 사업가가 한국의 섬에도 펭귄을 풀어놓으면 관광 산업을 육성할 수 있다고 한 이야기를 들은 적이 있다. 나는 그때 노르웨이 인들의 실패한 실험을 떠올렸다. 그 시절에는 외래종 도입에 대한 생태학적 지식이 부족해 적극적으로 실험을 막지 못했다. 하지만 이제 우리는 경험으로 알고 있다. 황소개구리, 블루길, 뉴트리아 등의 외래종은 지금도 우리나라의 생태계를 교란시키고 있다.

펭귄은 6000만 년에 걸쳐 남반구의 환경에서 살아왔다. 이들은 궂은 환경 속에서 나름의 진화적 전략을 갖고 적응에 성공했다. 다른 동물이 들어가지 못하는 남극 대륙에서도 홀로 알을 낳고 새끼를 키운다. 펭귄이 남극에서 사는 데에는 그들 나름의 이유가 있다.

↘ 페루 우아치파(Huachipa) 동물원의 이글루 모형과 펭귄들. '이글루(Igloo)'는 이누이트 (Inuit) 언어로 '집'을 뜻한다. 북반구 고위도 지역에 사는 이누이트 족의 주거 형태인 이글루와 남반구에 사는 펭귄은 가장 어울리지 않는 조합이다.

동물원으로 간 펭귄

직업을 묻는 질문에 "저는 남극에서 펭귄을 연구합니다." 이렇게 대답하면 "정말 재밌겠어요."라며 부러운 눈으로 보는 분들도 있지만, 어떤 분들은 한국에 있지도 않은 동물을 왜 연구하느냐며 곱지 않은 시선을 보내기도 한다. 하지만 모르고 하시는 말씀이다. 현재 한국에도 엄연히 펭귄이 있다. 야생에 서식하는 것은 아니지만 2013년 기준으로 서울대공원, 에버랜드, 국립생태원 등 10개 시설에 5종의 펭귄(임금펭귄, 아프리카펭귄, 훔볼트펭귄, 젠투펭귄, 턱끈펭귄)이 사육되었다.[1] 사람들의 시선을 끄는 귀여운 외모 덕분에 늘 관람객들의 큰 관심을 받고 있다.

동물원 펭귄의 역사

펭귄이 처음 한국에 들어온 것은 언제였을까? 재일 아동 문학가 김황이 일본 동물원 수족관 협회 소책자에서 찾아낸 자료에 따르면, 1941년 펭귄 사육 시설 목록에 경성 창경원 동물원이 있었다고 한다.[2]

펭귄이 동물원에 오게 된 계기는 엉뚱하게도 포경과 밀접한 관련이 있다. 19세기 중반 작살에 화약을 폭발시켜 고래를 잡는 방법이 노르웨이에서 개발되면서 포경은 북극해에서 남극해까지 확대되었다. 그런데 당시 포경선은 고래잡이만 하지 않았다. 남극권에서 집단으로 번식하고 있는 펭귄들도 같이 잡았다. 추운 남극 환경에 적응한 펭귄은 체내에 지방질이 많아서 기름과 고기를 얻을 수 있는 중요한 자원이었다. 게다가 그 독특한 외모 때문에 유럽에서 온 이방인들의 궁금증을 자극했다. 그래서 어떤 선원들은 펭귄을 산 채로 배에 실어 가져오기도 했다. 포경업체 크리스천 셀브센(Christian Salvesen)은 대서양 남쪽 사우스조지아 섬에서 데려온 임금펭귄 3마리를 1913년 영국 에딘버러 동물원 개장에 맞추어 기증했다. 이것이 동물원 펭귄 전시의 시작이었다. 임금펭귄의 인공 번식이 가능해지면서 펭귄의 숫자는 점점 늘어났고, 관람객들은 펭귄을 보기 위해 동물원으로 모여들었다.

일본은 19세기 후반 들어 노르웨이식 포경을 배워왔다. 20세기 초에는 남극에서도 포경을 시작하면서 노르웨이 포경선과 마찬가지로 고래와 함께 펭귄을 잡아왔다. 도쿄 우에노 동물원에서는 1915년부

＼에딘버러 동물원에서 전시된 임금펭귄과 젠투펭귄 퍼레이드.

＼1938년 6월, 노르웨이 북쪽 로포텐 군도 뢰스트로 옮겨지는 젠투펭귄과 마카로니펭귄.

✳   02 동물원으로 간 펭귄

터 훔볼트펭귄 전시를 시작했고, 지금은 세계에서 펭귄을 가장 많이 사육하는 나라가 되었다.

사육 시설의 환경

전 세계적으로 사육되는 펭귄 숫자는 1만 마리에 이른다. 펭귄들은 행복하게 잘 살고 있을까? 먼저 사육 환경을 살펴보자. 동물원/수족관 연합(Association of Zoos and Aquariums)에서 발간한 2014년 매뉴얼에 따르면 황제펭귄(emperor penguin, Aptenodytes forsteri)이나 임금펭귄 같은 대형 펭귄을 위한 시설 기준은 마리당 육상 공간 1.7제곱미터, 수족관 넓이 0.8제곱미터, 수조 깊이 1.2미터이다. 훔볼트펭귄처럼 작은 동물은 마리당 육상 0.7제곱미터, 수족관 0.4제곱미터, 깊이 0.9미터에 불과하다.

내가 처음 펭귄을 관찰한 2014년 12월, 남극 킹조지 섬에서 번식하는 턱끈펭귄은 평균 11시간 동안 17킬로미터 떨어진 곳까지 헤엄을 쳤으며, 160미터 이상 잠수를 했다.[3][4] 그해 겨울 남극에서의 조사를 마치고 한국으로 돌아온 지 얼마 되지 않아 국내 시설에 전시된 펭귄을 실제로 볼 기회가 있었다. 그곳에는 일본 수족관에서 수입되어 온 젠투펭귄과 턱끈펭귄 10마리가 면적 25제곱미터, 깊이 1.2미터의 수조를 헤엄치고 있었다. 앞서 언급한 매뉴얼 기준은 충족시킨 환경이지만, 남극의 바다를 자유롭게 돌아다니던 펭귄들이 갇혀 있는 모습을 보고는 안쓰러워 오래 보고 있을 수 없었다. 제대로 깃갈이를

하지 못해 깃털이 온전하지 않았고, 야생에 있는 펭귄과 비교하면 부리와 털의 빛깔도 탁해 보였다.

실제로 동물원에 사는 펭귄들은 각종 감염에 시달린다. 자연 상태에서는 흔히 발병되지 않는 질환들이 많이 나타나는데, 특히 습한 사육 시설에 갇혀 있는 펭귄들은 범블풋(bumblefoot)이라는 궤양성 수두염을 자주 앓는다. 이 질환에 걸리면 발바닥에 염증이 생기면서 부어오르는데, 증상이 심해져 뼈에 전이가 되면 다리를 절단해야 한다. 2005년 대전 동물원에서 구토와 식욕 부진, 침울 등의 증상을 겪다가 폐사한 아프리카펭귄과 펭귄의 먹이로 공급된 열빙어에서 감염성 식중독균인 솔방울병세균(Aeromonas hydrophilia)이 검출되기도 했다.[5] 이 식중독균은 스트레스호르몬 수치가 높을 때 빠르게 증식한

다.[6]

펭귄은 아스퍼질루스증(*Aspergillosis*)이라는 곰팡이성 폐렴에 걸리기도 한다. 1964년부터 1988년까지 에딘버러 동물원에서 태어난 젠투펭귄 새끼 가운데 14퍼센트가 이 질병으로 죽었다.[7] 2013년 캐나다 캘거리 동물원에서는 폐렴에 감염된 14살 수컷 젠투펭귄의 안락사 기록이 있다.[8]

이런 사례들에서 알 수 있듯, 펭귄은 사육 시설에 가두고 키우기 적합한 동물이 아니다. 불운하게도 사람들의 호기심을 자극하는 외모 때문에 좁은 수족관에 갇혀 사육사가 던져 주는 정어리를 받아먹고 있지만, 야생에서는 하루에 수십 킬로미터를 이동하고 100미터쯤은 거뜬히 잠수하며 크릴 수백 마리를 사냥하는 포식 동물이다.

03 물속을 나는 새

2008년 3월 31일, 영국 BBC 방송은 "남극 킹 조지 섬 하늘을 나는 펭귄을 발견"했다며 아델리펭귄(Adélie penguin, *Pygoscelis adeliae*)이 바다 위를 날고 있는 동영상과 함께 다큐멘터리 촬영 팀의 목격담을 담은 영상을 공개했다. 사람들은 방송을 보고 충격에 빠졌다. '세상에, 뒤뚱거리며 걷는 줄 알았던 펭귄이 하늘을 날다니! 펭귄도 하늘을 나는 새였구나.' 동물 다큐멘터리 제작으로 명성이 자자한 방송국에서 촬영 영상까지 공개했으니 다들 고개를 갸우뚱거렸지만 믿을 수밖에 없었다.

하지만 이 영상은 방송사에서 공들여 준비한 만우절 장난이었다. 최첨단 컴퓨터 그래픽 기술을 동원해 펭귄이 떼를 지어 활공하는 장면을 만들었다니 거짓말을 하기 위한 노력도 참 대단하다. '어떻게 펭권이 하늘을 날 수가 있겠어? 방송사 장난도 참 심하네.' 영상을 보면서는 웃어넘겼지만, 한편으로는 펭귄이 날지 못하게 된 이유에 대해 곰곰이 생각해 보는 계기가 되었다. (가끔 강연을 가면 어떤 분들은 묻는다. "펭귄이 조류라고요? 포유류 아니었어요?" 그런 질문을 받으면 어떻게 대답하면 좋을지 순간 막막해지기도 한다.) 과연 펭귄은 날개도 있으면서 왜 날지 못할까?

뚱뚱한 새는 날지 못한다

새가 하늘을 나는 모습은 정말 간단하고 쉬워 보이지만, 실제로는 유체 역학적 조건들이 잘 들어맞아야 가능한 복잡하고 기술적인 행동이다. 하늘에 떠 있으려면 지구가 잡아당기는 중력을 버티고 그보다 큰 양력을 받아야 하는데, 새의 몸통 옆에 달린 날개와 촘촘한 깃털은 공기의 흐름을 조절해서 양력을 증가시켜 준다.

하지만 아무리 양력을 높인다 하더라도 중력이 더 크면 소용이 없는 법이다. 날기 위한 첫 번째 조건은 가벼운 몸이다. 새들은 몸을 가볍게 하기 위해 뼛속까지 다이어트를 했다. 말 그대로 뼈 안을 비우고 그 속을 공기로 채웠다. 그뿐만이 아니다. 대부분의 육상동물이 가지고 있는 치아와 턱뼈도 포기했다. 대신 치아가 없고 가벼운 부리 형태의 입을 취했다. 또한 배설물도 몸속에 오래 저장하지 않고 바로 배출

╲ 남극 킹조지 섬 맥스웰 만 바다를 헤엄치고 있는 젠투펭귄.

한다.

　가벼운 몸만큼 중요한 것은 튼튼한 가슴 근육이다. 양념 치킨을 먹을 때 가슴살이 다른 부위보다 퍽퍽하고 기름기가 없는 이유는 비행을 위해 단련된 근육 때문이다. 비록 닭이 날지는 못하지만 조상으로부터 강한 가슴 근육을 물려받았다. (밀랍 날개를 만든 그리스 신화 속 이카로스는 새의 날개를 본떠 생체 모방(bio-mimicry)을 시도했지만, 태양에 밀랍이 녹게 되어 날개를 잃고 죽고 말았다. 이카로스의 날개를 조절해 줄 강한 근육이 뒷받침되었더라면 태양에 너무 가까워지기 전에 강한 날갯짓으로 태양을 피할 수 있지 않았을까?)

　이런 노력을 통해 조류는 인간이 부러워해 마지않는 비행 능력을 얻었다. 하지만 펭귄은 왜 날지 못할까? 앞에서 언급된 날기 위한 조건을 역으로 따져보면 알 수 있다. 펭귄의 날개는 넓고 얇으며 방수용 깃털이 매우 짧게 나 있어서 양력을 제대로 받을 수 없다. 게다가 비슷한 크기의 다른 새들에 비해 몸무게가 갑절이나 나간다. (오래전 포경선 선원들이 펭귄을 잡아서 땔감으로 썼다는 이야기가 전해질 만큼 지방질이 많다.) 펭귄의 몸은 결코 공중에 뜰 수 있는 몸이 아니다. 물론 펭귄도 두터운 가슴살이 있지만 이는 비행을 위한 목적으로 단련된 근육이 아니다.

펭귄은 바다를 난다

펭귄이 날지 못하게 된 좀 더 근본적인 대답을 하자면 '하늘을 날지 못하게 진화'했기 때문이다. 사실 펭귄 외에도 날지 못하는 새들이 많다. 포식자로부터 도망갈 필요가 없고, 먹이를 땅에서 걸어 다니면서 찾을 수 있는 고립된 환경 속에 있다고 상상해 보자. 굳이 날 필요가 없는데 날기 위해 많은 에너지를 낭비해야 할까? 이것을 다른 방식으로 쓸 수 있다면 얼마나 이득일까? 포식자가 없는 외딴 섬에서 살았던 도도새(dodo)는 전혀 날지 못했다. 뉴질랜드의 키위새도 마찬가지다. 아주 작은 흔적 날개(vestigial wing)만 있는 대신 예민한 감각 기관들이 잘 발달되어 있다.[1] 이처럼 자연 선택은 남들보다 조금이라도 에너지를 효율적으로 잘 쓸 수 있는 동물들이 살아남게끔 작동한다.

펭귄은 도도새나 키위새와는 다른 이유로 비행 능력을 잃게 되다. 날개를 이용해 하늘을 나는 게 아니라 바다를 날게 된 것이다. 물속에 있으면 부력이 작용해 몸을 쉽게 띄울 수 있어서 뚱뚱한 몸을 걱정하지 않아도 된다. 몸집이 큰 동물 순위를 살펴보면 대부분 해양 동물이 높은 순위에 있다. 참고로 1등은 몸길이 30미터 정도에 최대 무게는 173톤인 대왕고래(blue whale, 혹은 흰긴수염고래로 불린다.)이다.

펭귄은 차가운 물을 견딜 수 있는 두툼한 피하 지방과 빳빳한 방수깃털이 있어서 물속에서 오래 생활할 수 있게 되었다. 게다가 다른 새들과는 달리 뼈가 단단하고 속이 꽉 차 있어서 깊은 곳까지 잠수할 수 있다. 일단 물에서 살 수 있는 준비가 되었다면, 이제 필요한 것은 원하는 대로 움직이기 위한 추진력과 방향키이다. 펭귄은 날개를 프로펠러처럼 이용해 강한 추진력을 얻는다. 펭귄의 가슴 근육은 물속에서 빛을 발하는데, 순간적으로 시속 40~50킬로미터의 빠른 속력

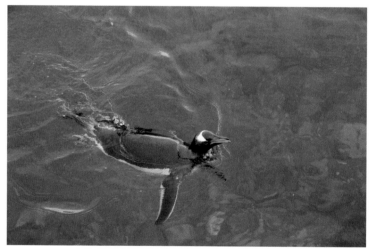

\ 수면을 헤엄치고 있는 젠투펭귄. 펭귄 18종 중 가장 빠르게 헤엄칠 수 있다고 알려져 있다.

✼

을 낼 수 있다. 펭귄의 두 발은 몸 뒤에서 방향키로 작용한다. 물갈퀴가 달린 두 발을 쭉 뻗은 채로 미세하게 움직이면서 물속에서 움직일 때 방향을 잡는다.[2]

펭귄의 잠수 능력

남극 바다에서 펭귄이 수영하는 모습을 보면 정말 새가 맞을까 싶을 정도로 물고기 마냥 자유로워 보인다. 예전부터 펭귄 연구자들은 펭귄이 물속에서 어떻게 헤엄을 치고 다니는지 알고 싶어했다. 하지만 펭귄처럼 수영할 능력도 없는 인간이 그 잠수 실력을 엿볼 방법이 없었다. 그저 배를 타고 쫓아다니면서 간접적으로 가늠할 뿐이었다. 펭귄들 가운데 가장 커서 '황제'라는 칭호까지 붙은 황제펭귄도 몸길이가 120센티미터 정도에 몸무게는 20~40킬로그램에 불과하다. 사람으로 치면 7세 어린이의 평균치와 비슷하다. 생각보다 작은 몸집 때문인지 사람들은 펭귄의 잠수 실력을 얕잡아 봤다. 나 역시 펭귄 연구를 시작하기 전에는 그들의 잠수 실력을 과소평가했다. 제주 해녀들의 잠수 깊이가 약 20미터임을 떠올리며, 펭귄은 기껏해야 30~40미터 정도가 한계일 것이라고 생각했다. (내가 스쿠버 장비를 착용하고 들어간 최대 깊이가 그 정도다.) 게다가 펭귄이 한때 하늘을 날았던 조류의 후손임을 감안하면 물속 생활이 그리 호락호락해 보이지 않았다.

1967년 겨울, 미국의 생리학자 제리 쿠이먼(Gerry Kooyman) 박사는 잠수 깊이를 측정하기 위해 처음으로 남극 황제펭귄의 몸에 수심 기록계(time-depth recorder)를 부착했다. 방수가 되는 원통 안에서 수압을 종이에 잉크로 찍어 기록하는 간단한 기계였다. 21마리에 기록계를 부착해 그 가운데 불과 6마리에서 데이터를 획득했지만, 결과는 놀라웠다. 황제펭귄이 최대 265미터 깊이까지 잠수하면서 18분가량 숨을 참는다는 것이 밝혀졌다. 평균 수영 속도는 시속 5.4~9.6킬로미터였다.[3] 2017년 5월, 쿠이먼 박사를 한국에서 열린 학회에서 만나 함께 이야기를 나눴다. "처음 연구를 발표했는데 사람들이 결과를 잘 믿지 못했어. 심지어 생물학자들도 고개를 갸웃거렸지." 물론 지금은 그 사실을 의심하는 사람이 없다. "다들 펭귄이 그렇게 잠수를 잘할 거라고 생각하지 못했나 봐. 그런데 실은 나도 그 정도일 줄은 몰랐어." 1993년 그의 후속 연구에 따르면, 황제펭귄의 최대 잠수 깊이는 처음 알게 된 수심보다도 두 배 더 깊은 534미터로 기록됐다.[4]

50년 전 쿠이먼 박사가 했듯, 나도 세종 기지 인근 펭귄 마을에서 번식하는 젠투펭귄에게 수심 기록계를 달아 주고 있다. 이 기계를 펭귄 몸에 부착해 1초에 한 번씩 깊이를 기록하게끔 설정해 놓으면, 나중에 그 데이터를 분석해서 펭귄의 행동을 유추할 수 있다. 예를 들어 수압이 측정되기 시작한 지점을 찾으면 펭귄이 언제 바다로 들어갔는지 알 수 있다. 그리고 반복적으로 비슷한 수심이 기록된 구간에서는 먹이를 찾아 취식 활동을 했다고 추측할 수 있다. 펭귄은 둥지에서 교대로 바다에 나가 먹이를 잡는다. 그리고 다시 둥지에 돌아와 새끼에게 뱉어 내 먹인다. 따라서 수심 기록계를 어미에게 부착하면 펭

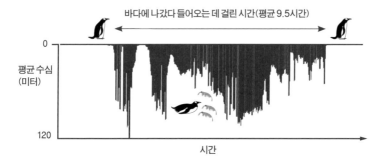

바다에 나갔다 들어오는 데 걸린 시간(평균 9.5시간)

0

평균 수심
(미터)

120

시간

↘ 수심 기록계로부터 얻은 데이터. 1초에 한 번씩 기록된 수심을 그래프로 나타내면, 언제 펭귄이 바다로 나갔다가 언제 육지로 돌아왔는지 알 수 있다.

권 부부가 언제 교대를 했는지, 먹이를 잡기 위해 바다에서 얼마나 시간을 보냈는지 쉽게 계산할 수 있다.

2013년 12월 20일부터 2014년 1월 10일까지 세종 기지 인근 펭귄마을에 번식하는 젠투펭귄 7마리에서 얻은 데이터로 행동을 분석해보니 꽤 재미있는 결과를 얻었다. 펭귄이 한 번 바다에 나가면 평균 11시간 20분 동안 바다에 머무르면서 211번의 잠수 횟수를 기록했으며, 주요 잠수 깊이는 15~20미터였다. 최대 잠수 깊이는 182미터까지 측정됐다.[5]

특히나 흥미로운 점은 낮과 밤 시간대에 잠수 깊이가 다르게 나타난다는 점이었다. 남극의 여름밤은 해가 완전히 지지 않기 때문에 꽤 밝다. 그래서 밤에도 낮 시간만큼이나 활발히 헤엄을 친다. 하지만 밤에는 10~20미터 깊이의 얕은 잠수가 대부분이었다. 반면 낮에는 평균 30~60미터 깊이의 깊은 잠수를 하는 것으로 나타났다.[6] 밤에는

❋   물속을 나는 새

어둡고 낮에는 밝으니까 당연한 결과라고 생각할 수도 있지만, 펭귄의 주요 먹이원인 크릴의 수직 분포 역시 시간대별로 달라진다. 크릴도 자기들의 먹이가 되는 플랑크톤을 찾아 밤 시간 대에는 수면 가까이로 움직이고 낮 시간에는 포식자를 피해 좀 더 깊이 들어간다. 따라서 펭귄의 잠수 깊이는 크릴의 잠수 깊이와 밀접하게 관련될 것이다. 또한 펭귄을 잡아먹는 포식자의 영향도 있을 수 있다. 표범물범은 물속에서 펭귄을 노리고 있다가 빠른 속도로 공격한다. 밤에는 포식자가 잘 보이지 않기 때문에 빨리 도망갈 수 있는 수면 근처가 훨씬 안전할 수 있다.

펭귄의 잠수 비결은 혈액 속 산소 조절에 있다. 잠수를 오래 하려면 제한된 산소를 얼마나 효율적으로 순환시키는지가 가장 중요하다. 황제펭귄은 18분 동안 물속에 머물기 위해서 심장 박동률을 분당 3회 수준으로 낮춘다. 그리고 근육으로 공급되는 혈액을 막은 채일종의 무산소 호흡 상태를 지속한다. 오랜 시간 잠수를 할 수 있다는 장점이 있지만, 무산소 호흡을 하는 동안 근육에 쌓인 젖산(lactic acid) 농도를 낮춰야 하기 때문에 수면에서 회복 시간이 필요하다. 수면에서는 심장 박동을 다시 증가시켜 최대 분당 256회까지 올린다.[7]

바다의 풍요

펭귄의 잠수를 연구하기 시작하면서, 나도 스쿠버 다이빙을 배우고 있다. 펭귄이 될 수는 없지만, 펭귄처럼 바닷속을 유영하는 기분은 어떤지 조금이나마 느끼고 싶었다. 펭귄을 보면서 쉽게 생각했는데, 직접 바다에 들어가려고 보니 필요한 준비물이 많았다. 펭귄에 비해 매우 불리한 신체 조건을 타고난 인간은 물에 들어가기 위해 장비들의 도움이 필요했다. 우선 보통 사람들은 숨을 쉬지 않고서는 몇 분도 버티지 못하기 때문에 산소통이 있어야 한다. 체온이 내려가면 안 되니까 최첨단 소재로 만들어진 잠수복을 갖춰야 하며, 물안경과 오리발도 필수다. 그렇게 장비를 잘 갖추고 들어갔음에도 불구하고, 5미터 남짓 내려가자 수압 때문에 귀가 아프기 시작했다.

하지만 그렇게 들어간 물속에는 전혀 다른 세상이 펼쳐져 있었다. 육상에서는 보이지 않던 형형색색의 산호들과 기묘한 모양의 해초들, 알록달록한 물고기들이 바다를 가득 채우며 새로운 세계를 만들었다. 그런 풍경을 보고 있노라니 문득 펭귄이 생각났다. 남극의 육상은 나무 한 그루 없이 척박하지만, 남극의 해양은 물고기와 크릴이 풍요로운 정글을 만든다. 아무나 적응할 수 없는 춥고 척박한 환경일수록, 경쟁자들이 쉽사리 들어오지 못하는 장소일 가능성도 높다. 펭귄도 아마 그렇게 남극해를 파고들어 그곳의 주인이 되었을지 모른다.

✳ 물속을 나는 새

04 펭귄을 닮은 새

"하늘을 나는 펭귄을 봤어요!"

세종 기지에서 일을 하다 보면 동료 과학자들로부터 이런 제보를 받을 때가 있다. 그런데 그들이 봤다는 하늘을 나는 펭귄에 대한 묘사를 듣다 보면 공통적인 특징이 있다. 눈 주위가 하늘색이고 눈과 부리에 노란색 무늬가 있다는 것이다. 나는 고개를 끄덕이며 "남극가마우지(Antarctic shag, *Leucocarbo bransfieldensis*)를 보셨군요."라고 답한다. 그리고 "턱끈펭귄과 꽤 닮아서 저도 가끔 헷갈립니다." 정도의 말로 다독거린다. 하지만 괜한 위로의 거짓말은 아니다. 멀리서 보면 고개를 갸웃거리며 다시 봐야 할 만큼 몸집의 크기도 비슷한데다 깃털색도 유사하다.

＼비슷해 혼동을 일으키는 남극가마우지(왼쪽)와 턱끈펭귄(오른쪽).

펭귄과 가마우지의 수렴 진화

턱끈펭귄과 남극가마우지는 분류상으로 꽤 멀리 떨어져 있다. 턱끈펭귄은 펭귄목(Sphenisciformes) 중에서 젠투펭귄속(*Pygoscelis*)에 속하지만, 남극가마우지는 가마우지목(Suliformes) 푸른눈가마우지속(*Leucocarbo*)에 포함된다. 계통학적으로 따졌을 때 조강(Ave)에서 갈라진 후 두 종은 전혀 다른 길을 걸었다. 하지만 둘 다 잠수를 할 수 있다는 공통점이 있다. 가마우지는 하늘을 날 수 있지만 펭귄과 마찬가지로 물속 생활에도 능하다. 따라서 공기와 물의 마찰을 모두 줄일 수 있도록 몸체가 유선형을 띠게 되었다. 또한 물속

　　　＊　　　　　　　　　　물속을 나는 새

에서 먹잇감이나 포식자로부터 쉽게 노출되지 않도록 검고 흰 깃털이 턱시도처럼 선명한 대비를 이룬다. 이러한 위장 효과를 역그늘색(countershading)이라 부르는데 등 부위는 검고 배 쪽은 하얗기 때문에 위에서 내려다보면 어두운 바닥과 어우러지고, 아래에서 올려다보면 밝은 수면과 겹쳐져 눈에 잘 띄지 않게 된다. 이처럼 계통적으로 먼 종들이라 할지라도 오랜 세월 비슷한 환경에 적응한 결과 유사한 형태를 띠는 것을 가리켜 생물학에서 수렴 진화(convergent evolution)라고 부른다.

남극가마우지보다 더 펭귄을 닮은 새, 큰바다쇠오리

펭귄과 외형이 비슷한 새는 북반구에도 있었다. 약 200년 전까지 영국과 아이슬란드 인근 북대서양 바다에 살았던 큰바다쇠오리(great auk, *Pinguinus impennis*)는 남극가마우지보다 더 펭귄을 닮았다. 큰부리바다오리(razorbill), 코뿔바다오리(puffin)와 가까운 도요목 바다쇠오릿과(Alcidae)에 속해 있지만, 잠수에 특화되어 바닷속 생활에 적응한 결과 펭귄과 비슷한 외형의 바닷새가 되었다. 가마우지가 날개는 그대로 둔 채 다리를 저어 물속을 움직였지만, 큰부리바다쇠오리는 펭귄과 마찬가지로 날개를 젓는 방식으로 추진력을 얻었다. 포유류인 고래나 파충류인 바다거북의 지느러미(flipper)와 같은 역할이다. (해양동물의 지느러미는 수렴 진화의 대표적인 예이다.) 큰바

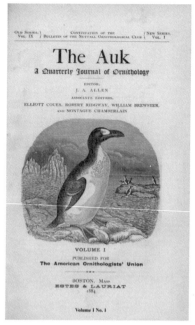

\ 1884년 1월 발행된 미국 조류학회지
《오크》표지의 큰바다쇠오리 그림.

다쇠오리 역시 역그늘색 효과를 나타내는 검고 흰 깃털의 명암이 위 아래로 나뉘어 있고, 곡선형 몸매에 두툼하고 긴 부리를 갖고 있었다. 유사한 바다 환경에서 공통의 적응 전략을 취했기 때문에, 지구의 반 대편에 떨어져 오랫동안 살아왔음에도 불구하고 펭귄과 큰바다쇠오 리는 상당히 비슷한 생김새를 갖게 되었다.

그런데 재밌는 사실은 '펭귄(penguin)'은 본래 큰바다쇠오리를 지 칭하는 이름이었다는 점이다. 정확한 어원은 밝혀지지 않았지만 머리 부분의 흰 무늬를 보고 머리(pen)가 하얗다(gwyn)는 뜻의 웨일스 어 에서 유래되었다는 설도 있다.[1] 프랑스 조류학자 마튀랭 자크 브리송

(Mathurin Jacques Brisson)이 1760년 'Le Grand Pingouin'이라고 명명했고, 속명인 'Pinguinus'에서 알 수 있듯이 당시 유럽 인들은 이 새를 펭귄이라고 칭했다. 하지만 근대에 들어 북반구 대서양에서 어업이 발달함과 동시에 선원과 고깃배가 날로 많아지면서, 펭귄이라 불리는 날지 못하는 바닷새에게 큰 위험이 닥쳤다. 17세기 무렵 깃털과 고기를 얻으려는 유럽 인들에게 쉽게 사냥을 당했고, 18세기에 이미 멸종 위기에 처했다. 18세기 후반에는 사냥을 금지하고 높은 벌금을 물렸지만, 결국 1844년 6월 3일 박제 표본을 위해 수집된 뒤 더 이상 발견되지 않았다.[2) 그사이 남반구의 바다를 항해했던 영국과 스페인 선원들은 큰바다쇠오리를 닮은 바닷새를 발견하고 이를 같은 새라고 생각해 펭귄이라 불렀다. 결국 그 남반구의 바닷새가 공식적으로 펭귄이란 이름을 얻었고, 큰바다쇠오리는 80여 점의 박제로 전 세계 박물관에 남게 되었다. 지금은 도도와 여행비둘기(passenger pigeon)가 더 유명하지만, 19세기 후반에는 인간으로 인해 사라진 대표적인 동물로 대중에 널리 알려졌다. 미국 조류학회(American Ornithological Society)는 1884년 창간된 학회지에 바다쇠오리를 뜻하는 '오크(Auk)'라는 이름을 붙여 지금까지 그들의 멸종을 기억하고 있다.

↘ 둥지에서 큰 소리로 짝을 부르는 젠투펭귄.

05 펭귄은 어떻게 의사소통을 할까?

우리가 임금펭귄이라고 가정해 보자. 수만 쌍의 부부가 작은 섬에서 함께 살아가야 한다. 알을 품을 때 발등 위에 올려놓고 있기 때문에 다른 새들처럼 '둥지'가 없다. 정해진 주거 공간이 없는 셈이다. 엄청난 인파가 몰리는 광장에 잔뜩 모여 살아가는 것과 같다. 옆에 서 있는 펭귄과 싸우다가 떠밀리기도 하고, 비가 내려 홍수가 나면 옆으로 이동하기도 한다. 포식자가 나타나면 일시적으로 도망가기도 한다. 자기 자리가 따로 없다.

어느 날, 바다에서 물고기를 잡아먹고 돌아오니 내 짝이 어디 있는지 보이지 않는다. 휴대전화가 없으니 서로 연락을 주고받으며 찾을 수도 없다.

그리고 얼마 후, 알에서 새끼가 깨어났다. 그런데 이번에는 새끼가 사라졌다. 힘들게 키운 새끼를 한순간 잃어버리고 말았다. 미아 찾기 방송을 할 수도 없다.

어떻게 짝과 새끼를 찾을 수 있을까?

펭귄 부부의 대화

펭귄은 바닷가에서 집단 번식을 하는 조류이다. 많은 부부가 동시에 알을 낳아 키우기 때문에, 늘 앞에서 가정한 상황처럼 짝을 잃어버릴 위험이 있다. 게다가 임금펭귄과 황제펭귄은 둥지 위치가 정해져 있지 않아서 시시각각 짝의 위치가 바뀐다. 그러면 어떤 단서를 이용해서 짝을 찾을까? 먼저 생각해 볼 수 있는 것은 후각이다. 하지만 강한 바람이 부는 바닷가에서 번식하는 펭귄이 냄새로 상대를 찾는 것은 매우 힘들다. 후각 신호는 기본적으로 화학물질을 이용한 자극 전달의 과정인데, 공기 중에서 쉽게 흩어지거나 다른 냄새가 섞일 수 있다.

그렇다면 얼굴을 보고 상대를 구분해야 할까? 시각 정보를 활용하는 방법도 중요할 수 있겠지만 수만 쌍이 혼재하는 상황에서 하나하나 서로 얼굴을 보고 찾는 것은 매우 비효율적이다. 만약 소리를 듣고 상대를 알아볼 수 있다면 어떨까? 남들과 다른 특색 있는 소리를 만들어 내면 멀리서도 상대가 쉽게 알아듣고 찾아올 수 있다. 쌍방향으로 서로 소리를 내면서 소통을 하기에도 편리하다. 청각 신호와 동

＼사우스조지아 섬 임금펭귄 부부의 춤.

시에 평소 짝과 함께 호흡을 맞춰 온 춤을 추는 방식으로 시각 정보를 함께 활용한다면 가장 확실한 방법일 것이다.

실제로 임금펭귄은 짝을 찾을 때, 하늘을 향해 고개를 들어 짝을 부르는 노래(contact song)를 부른다. 250~5000헤르츠(Hz) 높이에 0.4~0.8초가량 지속되는 짧은 음이다.[1] 사람마다 목소리가 다르듯 펭귄도 개체마다 소리를 다양하게 낼 수 있다. "나 여기 있어!" 자기 특유의 목소리로 짝을 부르는 것이다. 그렇기 때문에 짝이 이 소리를 듣고 상대를 쉽게 구분할 수 있다. 이 소리를 들은 짝은 상대에게 보내는 노래(response song)로 응한다. "응, 당신 목소리 들었어. 나 지금 그쪽으로 가고 있어!"라고 말해 주는 것이다.

부모 자식 간의 대화

어린 펭귄들은 자기들끼리 모여서 일종의 보육원(creche)을 형성한다. 부모가 먹이를 찾으러 나간 사이, 새끼들은 추위에 대비해 잔뜩 몸을 웅크린 채 주변의 친구들과 몸을 나란히 붙이고 체온을 유지한다. 그리고 이렇게 모여 있으면 공동으로 포식자에 대응하는 효과도 있다. 새끼 새 입장에서는 생존을 위한 아주 효율적인 전략이지만, 이렇게 한데 모여 있으면 먹이를 잡아온 자기 부모를 찾기 힘들 수도 있고 부모 역시 자기 새끼를 구분해 내는 데 애를 먹을 수 있다. 따라서 펭귄들은 복잡한 상황 속에서도 서로를 잘 찾아내는 방법을 찾아냈다. 펭귄 부부가 소리를 통해 서로를 구분했던 것과 마찬가지로, 부모와 자식 간에도 소리를 기억했다가 서로를 찾는 것이다.

하지만 수많은 펭귄 부모들과 자식들이 동시에 소리를 내고 있으면 매우 시끄럽다. 이런 혼란스러운 상황에서 펭귄들은 어떻게 자기 가족의 소리를 구분해 낼까? 학자들은 이를 '칵테일파티 효과(cocktail-party effect)'로 설명한다.[2] 많은 사람들이 모여 시끄러운 소리로 떠드는 파티장을 상상해 보자. 주변 소음이 크더라도 옆 사람과 작은 목소리로 대화를 하면서 집중하는 것이 가능하다. 그 이유는 주변의 소리와 관계없이 자기에게 필요한 정보를 선택적으로 받아들일 수 있기 때문이다.

인도양 아남극권의 포제션 섬(Possession Island)에서 4만 쌍이 넘는 임금펭귄 번식지를 조사하던 프랑스 연구자 티에리 오뱅(Tierry Aubin)과 피에르 주벤탱(Pierre Jouventin) 박사는 펭귄의 의사소통 과정이 알고 싶었다. 1제곱미터당 1.6마리가 밀집해 있는 곳에서 새끼는 어떻게 부모를 찾을까? 우선 부모의 소리를 녹음한 뒤, 부모가 없을 때 스피커로 같은 소리를 새끼에게 틀어 주었더니, 최대 18미터 떨어진 곳에서도 부모의 소리에 반응했다. 그리고 주변의 소음보다 6데시벨(dB) 작은 소리도 알아차렸다. 칵테일파티장의 사람들처럼 새끼 펭귄들도 시끄러운 상황에서 자기가 듣고 싶은 익숙한 소리를 선별적으로 들을 수 있기에 가능한 일이었다.[3]

이처럼 많은 펭귄들이 무리지어 살아가면서 친족을 구분하고 짝을 찾기 위해, 청각을 통한 신호 전달을 진화시켰다. 하지만 아직도 펭귄의 의사소통에 대한 자세한 신호 전달 과정은 알려지지 않았다. 청각 신호와 더불어 다른 정보들을 함께 이용하는 복잡한 메커니즘이 숨어 있지 않을까?

머리 위에 가속도계, 등에 GPS를 부착한 젠투펭귄 어미.

펭귄 카메라의 비밀

"왁- 왁- 왈- 왈-" 어디서 개가 짖는 듯한 소리가 들렸다. 때는 2014년 12월, 장소는 남극 세종 기지 생물 연구실이었다. 나는 펭귄 몸에 달아 놓은 비디오 영상을 확인하고 있었다. 개 짖는 소리가 들어갔을 리 만무했다. '남극에 오래 있어서 헛소리를 들은 건가, 아니면 소음이 섞여 들어간 건가?' 생각하며 대수롭지 않게 넘겼다. 하지만 비슷한 소리가 계속 들리고 있었다. 아무래도 펭귄이 입을 벌리고 내는 소리로 여겨졌다. 게다가 소리가 들린 뒤에는 다른 펭귄들이 화면 속에 나타나는 경우가 많았다. 펭귄이 먼바다로 나가 이런 소리를 낸다는 것을 처음 확인한 순간이었고, 이 소리가 펭귄의 무리 짓는 행동과 관련이 있을지 모른다는 의문을 품기 시작했다.

펭귄은 소리로 의사소통한다

펭귄이 소리로 의사소통을 한다는 것은 새로운 사실이 아니다. 앞 장에서 펭귄의 의사소통에 관해 소개한 것처럼 음성 신호로 짝을 찾고 가족을 구별해 낸다. 특히 젠투펭귄 부부가 둥지 주변에서 서로 찾을 때 내는 "우어엉- 우어엉-"하는 소리는 크고 우렁차기로 유명하다. 트럼페팅(trumpeting)이라고도 하는데 마치 트럼펫을 부는 것처럼, 고개를 들고 울대를 진동시켜 특유의 음성을 만들어 낸다. 그래서 펭귄 연구자들은 귀가 아플 만큼 시끄러운 울음을 견뎌내야 한다.

부부끼리 내는 소리 외에, 새끼가 먹이를 조를 때 내는 소리도 있다. 부모와 있을 때 꼭 병아리가 내는 소리처럼 '삐약- 삐약-'하는 높은 음의 소리를 내는데, 이것이 어미에게 먹이를 달라는 신호로 작용한다고 알려져 있다. 이것들 말고도 우리가 알지 못하는 그들만의 음성 전달 과정이 있을 것이다.

지금까지 펭귄 음성 연구는 둥지 주변에서 특정 소리를 녹음한 뒤, 다시 다른 펭귄들에게 틀어주면서 전후 상황과 맥락을 통해 그 소리의 기능을 파악해 왔다. 하지만 펭귄에게 녹음기를 달아 주면 모를까, 번식지에서 20~30킬로미터 떨어진 먼바다까지 헤엄쳐 다니는 펭귄을 따라다니며 연구할 방법은 없었다. 펭귄의 의사소통과 관련된 그동안의 연구들은 대부분 육지에서 녹음된 소리를 토대로 했다.

물속을 나는 새

바이오로깅을 통해 밝혀지는 펭귄의 사생활

장비를 소형화하는 기술이 발전하면서 연구자들은 펭귄 몸에 카메라를 달기 시작했다.[1] 일본 극지연구소(NIPR)의 다카하시 아키노리(高橋章則) 박사는 2002년 12월부터 이듬해 1월에 걸쳐 남극에서 번식 중인 10마리의 턱끈펭귄에게 73그램 정도 무게의 카메라를 달았다.[2]

15초에 한 번씩 자동으로 셔터를 누르도록 설정된 카메라는 5시간 동안 총 1만 1162장의 사진을 촬영했다. 사진을 한 장씩 확인하며 분석한 결과, 먹이 사냥을 위해 잠수를 할 경우 주변에 있던 다른 개체들이 함께 찍힌 비율이 4분의 1에 달했다. 펭귄들이 바닷속에서 다른 개체들과 함께 사냥한다는 것이 사진으로 직접 확인된 것이다. 다카하시 박사는 이제껏 알려지지 않은 펭귄들 간의 '사회적인 상호 작용'이 있을 것이라 예상했다.

하지만 연속적인 녹화 영상이 아닌 분절된 사진들을 조합해서 행동을 추측하기에는 한계가 있었다. 이후 6시간 연속 녹화가 가능한 비디오카메라가 개발되면서 와타나베 유키(渡辺佑基) 박사와 다카하시 박사는 2010년 겨울, 아델리펭귄의 시야로 바라본 영상을 얻는 데 성공했다.[3] 이들의 연구 결과 덕분에 비디오카메라의 활용 가능성이 널리 알려지면서 다른 펭귄 연구자들도 비디오카메라를 달기 시작했다.

2013년에는 남아프리카공화국의 연구자 피에르 피스토리어스(Pierre Pistorius) 박사와 조너선 핸들리(Jonathan Handley) 박사 과정 학생이 아남극권 포클랜드 제도(Falkland Islands) 카우 만(Cow Bay)에서 번식하는 젠투펭귄에게 1시간 36분 동안 녹화가 가능한 비디오를 달았다. 그리고 펭귄이 다른 펭귄의 입에서 잡은 먹이를 빼앗아 먹는 절취 기생(kleptoparasitism) 행동을 보고했다.[4]

나는 두 발 정도 늦었다. 2014년에야 남극 세종 기지 인근 펭귄 마을에서 젠투펭귄에게 비디오카메라를 달았다. 하지만 내가 사용한 비디오카메라는 8시간 연속 촬영이 가능했고, 소리도 함께 녹음할 수 있었다. 그리고 무엇보다 남극에 있는 젠투펭귄에서 기록된 무리 행동에 주목했다. 다카하시 박사와 함께 세종 기지에 방문한 적이 있는 고쿠분 노부오(國分亘彦) 박사는 2009년 펭귄 마을에서 젠투펭귄에게 카메라를 달았는데 다른 젠투펭귄들이 함께 찍히는 경우가 많았다. 2006년 내셔널 지오그래픽 촬영 차 남극반도를 방문했던 캐런 코플랜드(Karen Copeland)는 젠투펭귄 12~100마리로 이뤄진 25개 집단을 촬영하기도 했다. 젠투펭귄은 이제껏 알려지지 않았던 펭귄들 간의 상호작용을 연구하기에 적합한 종이라고 생각했다.

나는 바다로 나가려는 펭귄들을 데려다가 등 부위의 깃털에 비디오카메라를 방수 테이프로 고정했다. 장치를 부착한 다음 날, 먹이 사냥을 마치고 바다에서 돌아온 펭귄들을 기다렸다가 다시 비디오카메라를 회수했다. 이런 방식으로 2014년부터 2년 동안 젠투펭귄 26마리의 바닷속 행동을 녹화할 수 있었다.[5]

＼카메라에 담긴 수면 위의 젠투펭귄.

펭귄은 바다에서 울음소리를 낸다

비디오 영상에는 실로 다양한 모습이 촬영됐다. 그중 하나가 55쪽에서 이야기한 소리였다. 나는 급히 문헌들을 찾기 시작했다. 아직 해양에서 어떤 소리를 낸다는 보고는 없었다. 일본 극지연구소를 비롯해 다른 펭귄 연구자들에게도 물어보았지만, 다들 그저 신기하다는 반응이었다. 나는 펭귄의 소리가 무리 짓는 행동과 관련이 있다는 것을 직감하고 비디오를 분석하기 시작했다. 이런 소리를 '먼바다에 나가서 내는 소리'라는 뜻으로 '오프쇼어 콜(off-shore call)'이라 이름 붙였다.

2015년에 함께 남극 조사를 다녀온 최누리 연구원이 이 주제에 관심을 보였다. 학부 시절에 청개구리의 음성 신호를 연구했던 경험을 바탕으로 펭귄의 소리를 분석한 그는 우선 펭귄 비디오에서 음성만 추출한 뒤, 오프쇼어 콜의 횟수와 소리 구조를 파악했다.

총 10마리 개체에서 598번 기록된 소리는 길이가 약 0.1~0.5초로 짧았으며, 높이는 약 500~1000헤르츠(Hrz)로 나타났다. 소리의 구조를 파악한 뒤, 우리는 소리가 기록된 시간의 영상을 확인했다. 재밌게도 소리를 낸 개체들은 늘 혼자였다. 망망대해를 헤엄치다가 수면에서 "왈, 왈" 울었다. 또한 이런 소리가 기록되고 나면 금세 다른 개체들이 화면에 나타났다. 혼자 수영하던 녀석이 울음소리를 낸 뒤, 절반정도(43퍼센트)는 1분 이내에 다른 펭귄들이 등장했다. 종종 한 녀석이 소리를 내고 나면 다른 펭귄들이 내는 소리도 함께 들렸다. 그리고 펭귄들은 얕고 빠르게 헤엄치면서 한 방향으로 함께 움직였다. 이렇게 무리 지어 다니던 펭귄들은 남극크릴 떼를 찾으면 함께 사냥했다. 펭귄이 바다에서 낸 울음소리가 무리 짓는 행동과 관련이 있다는 것이 확실해 보였다.

펭귄이 바다에서 소리를 내는 이유는?

펭귄이 바다에서 낸 소리를 듣고 다른 펭귄들이 근처로 헤엄쳐 온 것일까? 아무리 생각해 봐도 그럴 가능성은 적어 보인다. 바람과 파도가 심한 남극해의 바다에서 펭귄 소리가 그렇게 멀리 퍼졌으리라 생각되진 않는다. 만약 이런 소리가 주변으로 잘 전달된다면 동료들뿐 아니라 표범물범과 같은 다른 포식자들까지도 불러 모을 수도 있다. 또한 펭귄의 울음 이후 다른 펭귄들이 1분 이내에 나타났다는 사실은 카메라에 촬영되지 않았을 뿐, 1분 거리에 이미 다른 펭귄들이 근처에 있었다는 것을 의미한다.

내 생각으로는 먼 친구보다는 가까이 있는 친구들과 접촉하면서 내는 음성(콘택트 콜(contact call)이라고 한다.)일 가능성이 커 보인다. 근거리에 있는 펭귄들과 수면 위에서 음성 신호를 주고받으면서 교감하는 것이다. 아프리카펭귄도 혼자 있을 때에는 젠투펭귄의 소리와 비슷한 음을 내면서 다른 개체들과 통신을 시도한다. 젠투펭귄의 소리를 정확히 통역할 순 없지만, "다들 거기 있지? 나도 여기 있어! 우리 같이 다닐까?" 정도의 대화를 한 것은 아닐까 싶다.

이런 연구의 결과를 논문으로 발표하는 과정에서 이 논문을 심사했던 한 동료 연구자는 이런 질문을 했다. "왜 비디오카메라를 부착한 펭귄들 가운데 10마리의 펭귄들만 소리를 내고 나머지 펭귄들은 소리를 내지 않았을까? 음성이 기록된 펭귄들은 다른 펭귄들과 어떤 점이 달랐을까? 그리고 음성 신호 외에도 우리가 알지 못하는 다른 그들만의 의사소통 방법도 있지 않을까?" 몇 가지 통계적인 분석으로 비교해 보았지만, 소리가 기록된 펭귄들과 그렇지 않은 펭귄들 간의 차이는 보이지 않았다. 설사 펭귄이 동작이나 냄새로 의사소통을 했다 하더라도 현재 내가 가지고 있는 비디오 데이터로는 답하기 힘들다.

\ 젠투펭귄이 무리 지어 눈 위를 이동하고 있다.

펭귄의 감춰진 바다 생활

펭귄은 1년 중 번식 기간을 제외하면 대부분
의 시간을 바다에서 보낸다. 그렇지만 우리는 아직 펭귄이 바다에서
어떻게 살아가는지 잘 모른다. 펭귄 마을에는 약 2500쌍의 젠투펭귄
들이 거의 날마다 바다를 오가며 먹이 사냥을 하는데, 그 가운데 고
작 10마리의 펭귄에서 얻은 각각 8시간의 녹화 테이프로 행동을 훔
쳐봤을 뿐이다. 이제야 간신히 수면에서 서로 부르는 울음소리와 무
리 짓는 행동의 관계에 대해 추측하고 있다.

펭귄들이 어떤 친구들과 무리를 형성하는지 궁금하다. 그냥 아무

하고나 짝을 지을까? 아니면 부모, 형제, 가까운 친척끼리 모이는 것
일까? 무리를 지어 먹이를 사냥하는 행동은 먹이를 쉽게 찾을 수 있
다는 장점이 있지만, 찾은 먹이를 나눠 먹어야 하는 단점이 있다. 그리
고 포식자의 눈에 띄기도 쉽다. 만약 친족끼리 그룹을 형성하는 것이
라면 집단 속 다른 개체들과 먹이를 공유하고 포식자의 출현을 서로
알려 주는 '이타적인 행동'을 설명할 수 있는 근거가 될지 모른다.

구애춤을 추는 턱끈펭귄 부부.

07   펭귄의 사랑과 전쟁

        펭귄 마을에서 떠돌이로 사는 수컷 턱끈펭귄 한 마리가 번식지 주변을 어슬렁거린다. 다른 펭귄들은 벌써 새끼를 낳아 키우고 있는데, 이 녀석은 아직 짝을 구하지 못한 것 같다. 이 둥지 저 둥지 돌아다니는 모습이 재밌기도 하고 조금은 처량해 보여, 나는 하던 일을 멈추고 계속 지켜보았다.

     수컷 펭귄은 이내 걸음을 멈추고 호기롭게 번식지 안쪽으로 들어간다. 그리고 한 암컷에게 다가가 고개를 앞으로 내밀면서 구애 행동을 하기 시작한다. 하지만 불운하게도 멀지 않은 곳에 암컷의 짝이 있었다. 짝은 재빨리 다가와 둘 사이를 갈라놓고 싸움을 벌인다. 두툼한 부리로 상대의 머리와 가슴을 사정없이 물어뜯는다. 떠돌이 펭귄도

＼ 짝이 있는 암컷에게 구애를 하다가 들켜 싸움에 지고 피를 흘린 떠돌이 수컷 펭귄.

쉽게 물러서지 않는다. 몇 차례 공격적으로 상대의 머리를 노리지만 힘에서 밀리는 모양이다.

그렇게 암컷 한 마리를 사이에 두고 수컷 두 마리가 다투기 시작하니 주변은 아수라장이 된다. 다른 펭귄들은 행여나 자기 새끼가 다칠세라 싸움이 벌어지는 곳을 등진 채 몸을 웅크리고 새끼를 감싼다. 5분 정도 지속된 싸움은 결국 한쪽이 피를 보고서야 마무리됐다. 떠돌이 펭귄이 졌다. 입 주위에 상처를 입었는지 부리 끝으로 피가 뚝뚝 떨어진다. 몸 여기저기 흙과 피가 뒤섞여 범벅이 된 채, 번식지 가장자리로 밀려나 서서 간신히 정신을 차린다. 한편 암컷을 지킨 짝은 제법

＊

물속을 나는 새

의기양양한 모습으로 둥지 앞에 섰다.

피를 흘리는 펭귄의 모습이 걱정되어 가까이 다가가니 외려 나에게 화풀이를 하듯 내 바지를 물어뜯는다. 아무래도 그냥 두는 게 좋을 것 같아 멀리 떨어져서 지켜봤다. 다행히 큰 상처는 아니었는지 피는 멎었고, 펭귄도 안정을 되찾았다.

펭귄은 어떻게 짝을 선택할까?

떠돌이 턱끈펭귄의 경우에서 보았듯이 짝을 찾는 일은 어렵다. 좋은 짝을 만나는 것은 더욱 그렇다. 따라서 상대가 좋은 짝인지를 알아보는 것이 중요하며 내가 좋은 짝임을 상대에게 잘 보여 주는 것도 그만큼 중요하다. 그리고 자기 짝을 지키기 위해서는 경쟁에서 이겨야 한다. 찰스 다윈은 1871년 출간한 『인간의 유래와 성에 관한 선택(The Descent of Man, and Selection in Relation to Sex)』을 통해 공작의 꽁지깃이 왜 그렇게 화려한지, 수사슴의 뿔은 왜 그렇게 커다란지에 관해 설명했다. 다윈의 성 선택(sexual selection) 이론에 따르면 암컷의 선택을 받고 경쟁자들을 물리치는 데 도움이 된다면 생존에 불필요해 보이는 수컷의 화려한 꽁지깃과 커다란 머리 뿔도 후대로 전해질 수 있다.

펭귄들은 어떻게 짝을 선택할까? 공작새처럼 수컷이 극히 화려한 깃을 갖는 경우도 있지만, 펭귄은 겉보기에 암컷과 수컷이 비슷해 구분이 힘들다. 하지만 연구자들의 관찰에 따르면, 펭귄의 얼굴에는 사람 눈에는 잘 보이지 않는 미묘한 색 차이가 있어서 이것이 짝을 선택하는 하나의 기준이 된다고 한다.

임금펭귄은 부리 아랫부분과 귀 부분이 선명한 오렌지색을 띤다. 프랑스 연구진이 포제션 섬에서 임금펭귄의 부리 색깔을 나이에 따라 구분해 보니, 나이에 따라 부리와 귀의 색깔이 다르게 나타났다. 특히 수컷의 부리 색을 나타내는 자외선(UV) 반사도가 높은 개체들이 번식을 빨리 시작했고 몸무게도 많이 나갔다. 번식을 빨리 한다는 것은 새끼를 잘 키워 낼 가능성을 높이기 때문에 능력 있는 부모의 지표가 되며, 몸무게가 많이 나갈수록 건강 상태도 좋다는 것을 의미한다. 따라서 수컷 부리의 'UV 반사도'는 상대에게 자신의 능력과 몸 상태를 알릴 수 있는 신호가 된다. 실제 연구진이 인위적으로 수컷의 반사도를 30퍼센트 줄였을 때 수컷들은 짝을 찾는 데 오랜 시간이 걸렸다.[1]

노란눈펭귄(yellow-eyed penguin, *Megadyptes antipodes*)은 이름 그대로 눈 주위에 노란 띠를 지니는데, 이것이 펭귄의 건강 상태와 나이를 나타내는 하나의 신호로 작용한다. 뉴질랜드 연구진은 오타고 반도(Otago Peninsula)에서 번식하는 펭귄들의 눈과 눈 주변을 지나는 띠의 색에 주목했다. 개체별로 얼굴 사진을 찍어 분석한 결과, 암컷의 눈 색깔은 나이가 들수록 더 진한 노란색이 되고 수컷은 점점 붉은색을 나타냈다. 또한 건강 상태가 좋은 펭귄일수록 눈 주변 노란 띠의 채도(satuation)가 높았다. 펭귄 부부 40쌍을 놓고 살펴보니, 눈과 눈 주변 띠의 채도와 색상(hue)의 수치가 높은 개체들끼리 서로 짝을 지

✳

↘ 포클랜드 제도에서 번식하는 임금펭귄. 부리 아래에 오렌지색이 선명하다.

↘ 뉴질랜드 오타고 반도에 사는 노란눈펭귄. 눈 위로 노란 띠가 있다.

07 펭귄의 사랑과 전쟁

을 확률이 높았다. 그리고 눈의 채도가 높은 부부일수록 새끼도 잘 키워 냈다.[2] 이런 결과들을 토대로 보면, 노란눈펭귄들은 짝을 고를 때 상대의 눈을 보고서 어리고 연약해서 안 되겠다든지, 나이도 있고 건강해서 괜찮겠다든지 판단할 수 있다. (물론 펭귄이 정말 이렇게 생각하고 결정을 내린다는 말은 아니다. 눈과 주변의 색깔이 간접적인 기준이 되어 짝을 고르는 데 중요하게 작용한다는 뜻이다.)

펭귄 마을에서 볼 수 있는 젠투펭귄의 부리에도 붉은색이 도는데 개체마다 조금씩 차이가 있다. 세종 기지가 있는 남극 킹조지 섬에서 스페인 연구진이 조사한 결과를 보면, 수컷 젠투펭귄의 부리 색깔이 더 붉고 진할수록 몸 상태가 좋은 것으로 나타났다.[3] 부리 색에 따라 암컷의 선택을 더 많이 받는지에 대한 보고는 아직 없지만, 임금펭귄이나 노란눈펭귄의 경우를 떠올리면 젠투펭귄의 부리 색도 역시 암컷에게 작용하는 성적인 신호가 될 가능성이 높아 보인다.

새 짝을 찾을까 말까

조류의 90퍼센트 이상은 일부일처제(mono-gamy)를 유지하며, 펭귄들도 그렇다.[4] 하지만 여기에서 새들의 일부일처제는 번식하는 계절 동안만 그렇다는 뜻이지 해마다 계속 같은 짝을 유지한다는 것을 의미하지 않는다. 새들이 사는 세상에서도 짝을 바꾸는 일, 즉 이혼이 흔하게 관찰된다. (이혼이라는 용어가 지극히 인간 중심적인 표현이기는 하지만, 동물학 분야 연구 논문에서도 사용되는 단어다.)

❋ 물속을 나는 새

＼남극 킹조지섬 펭귄 마을에 사는 젠투펭귄. 부리가 붉은빛을 띤다.

　왜 이혼하는지에 대해, 불화합 가설(incompatibility hypothesis)은 번식기에 부부 간의 화합이 잘 맞지 않으면 합의하에 갈라설 가능성이 높아진다고 설명한다. 실제 세가락갈매기(black-legged Kittiwake, *Rissa tridactyla*) 부부가 키운 알이 잘 부화했을 때에는 이듬해 이혼율이 17퍼센트에 불과했지만, 제대로 부화하지 못해 번식에 실패한 쌍은 이혼할 확률이 52퍼센트로 높게 나타났다.[5] 열심히 짝을 골랐지만 알을 품고 교대하는 데 서로 호흡이 잘 맞지 않을 수도 있으며, 상대가 불임일 가능성도 있다. 따라서 이혼하고 새로운 짝을 찾는 것이 더 유리할 수 있다.

　이혼에 대한 또 다른 설명은 더 좋은 짝 가설(better pairing option hypothesis)이다. 수명이 긴 새들은 평생에 걸쳐 번식을 여러 번 하기 때문에, 더 좋은 짝이 나타나면 굳이 기존에 있던 짝을 유지할 필요가 없다. 두 가설은 공통적으로 이혼이 번식을 더 잘하기 위한 적응 전략(adaptive strategy)이라고 바라본다.[6]

　종에 따라서 이혼율도 달라진다. 갈라파고스알바트로스(waved albatross, *Diomedea irrorata*)는 짝이 살아 있는 한 이혼하지 않고 평생 같은 짝과 다닌다. 반면 플라밍고(greater flamingo, *Phoenicopterus ruber*)는 항상 번식 때마다 짝을 바꾼다. 펭귄의 이혼율도 종에 따라 차이가 있다.[7] 현장 연구에 따르면 마카로니펭귄의 이혼율은 9퍼센트밖에 되지 않지만 황제펭귄은 85퍼센트, 임금펭귄은 81퍼센트로 꽤 높은 편이다.[8]

　내가 연구하는 젠투펭귄과 턱끈펭귄의 이혼율은 각각 27퍼센트, 18퍼센트 정도로 그리 높지 않은 편이라고 알려져 있었다.[9] 과연 펭귄 마을에 사는 부부들은 어떻게 사는지 궁금해서, 지난해 젠투펭귄 부부 12쌍의 몸에 개체를 확인할 수 있는 칩을 삽입했다. 올해에도 같은 개체가 부부를 맺는지 확인해 보았더니, 불과 3쌍 정도만 짝을 유지하고 있었다. 나머지 9쌍 가운데 4쌍은 다른 개체와 '재혼'한 것을 확인했고, 5쌍은 짝을 다시 찾지 못했다.

　조사한 개체 수가 적기는 하지만, 이혼율이 최소 30퍼센트가 넘고 최대 75퍼센트까지 될 수도 있다. 처음 펭귄들에게 개체 인식 칩을 부착하면서 연구를 시작할 때만 해도 '일부일처제니까 당연히 같은 짝이랑 다니겠지. 설마 힘들게 매년 짝을 바꾸겠어?' 하는 생각이었는데, 결과를 놓고 보니 매번 같은 짝이랑 같은 번식지로 오는 일은 꽤나 드문 것 같다. 왜 이혼을 하는지 그 이유는 아직 모르지만, 전에 짝을 맺은 개체와 올해 새로 결합한 개체가 어떻게 다른지를 보면 힌트를 얻을 수 있을 거라 생각하고 조사 중이다.

처음부터 펭귄의 이혼에 관심이 있었던 것은 아니다. 실은 펭귄의 계절별 이동 경로에 관심이 있어서 추적 장치를 달아 놓고 연구를 시작했는데, 이듬해에 회수할 확률이 너무 낮았다. 부부에게 붙였는데 그중 한 마리에만 장치가 있고 짝이 바뀌어 있는 경우가 많았던 것이다. 선행 연구들만 보고 으레 이혼율이 낮으리라 생각하고 야심차게 시작했는데, 예상했던 것보다 많은 펭귄들이 짝을 바꿨다.

요즘은 펭귄을 볼 때마다 '이 암컷은 수컷의 어떤 점이 마음에 들어 짝을 지었을까? 이 부부는 내년에도 헤어지지 않고 다시 올까?' 하는 생각을 하며 관찰하고 있다. 내가 보기에는 다 똑같이 생긴 펭귄인데 자기들끼리는 서로 알아보고, 누가 좋은 짝일지 저울질하며, 짝을 자주 바꾸는 것을 보면 참으로 놀랍다. 펭귄의 세계에서도 그들만의 '사랑과 전쟁'이 벌어지고 있다.

＼ 구애 행동을 하는 턱끈펭귄 부부. 누가 수컷이고 누가 암컷일까?

08 　암수를 구별하는 수학식

　　　　　　　사진 속 턱끈펭귄 부부 가운데 어느 쪽이 수
컷이고 어느 쪽이 암컷일까? (약 90퍼센트의 확률로 맞힐 수 있는데, 그 방법과
정답은 85쪽에 나온다.)

　공작새나 꿩처럼 수컷이 화려한 깃털을 지닌 경우에는 암수를 쉽
게 구분할 수 있다. 하지만 펭귄을 포함해 암컷과 수컷이 비슷하게 생
긴 새들은 사람 눈으로는 잘 구별되지 않는다. 물론 새들끼리는 자기
들만의 어떤 신호를 통해서 알아볼 수 있을 것이다. 예를 들어 울음
소리와 같은 청각 혹은 냄새를 통한 후각 정보를 사용할 수도 있다.
아니면 미묘한 겉모습의 시각적 신호를 인지할지도 모른다. 인간들이
서로 얼굴만 보고도 남자인지 여자인지 구분하는 것과 비슷한 방식

으로 말이다.

동물의 성별을 기가 막히게 구분하는 직업을 가진 사람들이 있다. 닭의 암수를 분리하도록 특별히 훈련받은 병아리 감별사가 그렇다. 병아리 감별사는 항문과 날개 모양의 미세한 외형적 차이를 파악해 빠른 시간 내에 암수를 구분해 사육 농장에 필요한 암탉을 미리 골라낸다. 야외 생물학자들도 연구종의 암컷과 수컷을 구분하는 것이 중요하다. 성별에 따른 행동의 차이를 비교하거나 성역할을 파악하기 위해서 필수적인 사항이다.

성염색체를 이용한 성별 구분법

펭귄처럼 암수가 비슷하게 생긴 새들은 암컷과 수컷을 어떻게 구분할까? 과거에는 주로 짝짓기 행동을 보고 암컷과 수컷을 구분했다고 한다. 하지만 종종 수컷끼리 혹은 암컷끼리 짝짓기를 하는 듯한 모습을 나타내기 때문에 확실한 방법은 아니다.

이제까지 알려진 방법 가운데 가장 정확한 방법은 암컷과 수컷의 성염색체 차이를 이용하는 것이다. 유전 정보를 추출해서 그 안에 숨어 있는 성염색체의 유형을 파악하면 쉽게 구분이 가능하다. 인간은 여성이 'XX', 남성이 'XY'의 성염색체를 가지고 있다. 여성은 서로 같은 유형의 염색체가 짝을 이루고, 남성은 서로 다른 유형의 염색체 쌍이 있다. 이 부위를 시각화할 수 있다면 비교가 쉬워진다. 조류는 암컷이 'ZW', 수컷이 'ZZ'의 성염색체를 나타낸다. 사람과는 반대의 경

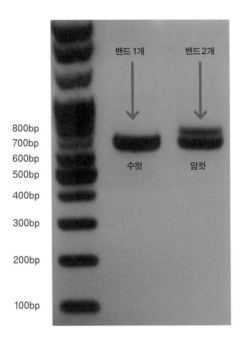

밴드 1개

밴드 2개

800bp
700bp
600bp
500bp

400bp

300bp

200bp

100bp

수컷

암컷

╲ 펭귄 암수의 성염색체 부분을 증폭한 뒤 미세한 전기를 흘려 DNA 가닥 길이별로 나누어 놓은 사진. 700~800bp(base pair, 염기쌍) 부근에서 수컷은 밴드가 1개, 암컷은 2개 나타난다.

우다. 수컷이 같은 유형, 암컷이 다른 유형의 염색체가 쌍을 이룬다. 이 성염색체의 차이를 눈으로 보고 구분하려면 어떻게 해야 할까? 생물학자들은 분자 생물학적인 방법인 중합 효소 연쇄 반응(polymerase chain reaction, PCR)을 이용했다. 이 방법을 이용하면 성염색체 전체를 다 들여다보지 않고 비교가 가능하다.

　중합 효소 연쇄 반응이란 특정 염기 서열 부위를 반복적으로 만들도록 유도하는 기술이다. DNA를 합성하는 효소를 넣고 온도를 조절

　　✳　　　　　　　　　　　　08 암수를 구별하는 수학식

해 주면, DNA 가닥이 떨어졌다 붙었다 반복하며 폭발적인 연쇄 반응(chain reaction)을 일으키며 특정 DNA만 반복적으로 만들어지게 되고, 마침내 우리 눈으로 확인할 수 있는 정도의 양이 쌓인다. 그런 다음에 합성된 DNA들을 모아서 미세한 전기를 걸어 주면 DNA는 음전하를 띠고 있기 때문에 양(+)극으로 끌려가게 된다. 천천히 끌려가면서 DNA 가닥의 길이에 따라 나뉘게 되는데, 긴 길이의 DNA는 천천히 끌려가고 짧은 길이의 DNA는 좀더 빠르게 양극으로 움직인다.

성염색체의 적당한 부위를 찾아 그 부분을 반복적으로 합성하도록 연쇄 반응을 시킨다면, 'ZZ'의 성염색체를 가진 수컷은 한 가지 길이의 DNA만 합성이 되고 'ZW'의 성염색체를 가진 암컷은 두 가지 길이의 DNA가 합성될 것이다. 그리고 성염색체의 실험이 제대로 됐다면 사진에 나타난 것처럼 한 가지 종류의 DNA만 합성된 수컷은 하나의 선만 보이고, 두 가지 종류의 DNA가 합성된 암컷은 두 개의 선이 나온다.

펭귄의 암수를 구분하는 판별식

이처럼 확실한 분자 생물학적인 방법으로 조류의 암수를 구분할 수 있지만, 야외 생물학자들에게는 여전히 야외 현장에서 병아리 감별사들처럼 암수를 구분하는 방법이 필요하다. 특히 남극처럼 추운 극한 환경에서 연구하는 경우에는 혈액을 뽑는 것도 어려운 일이다. 혈관을 찾아서 주삿바늘을 꽂는 과정은 연구자들만 힘든 게 아니라 펭귄도 상당한 스트레스를 받게 된다. 게다가 분자 생물학적인 방법을 쓰려면 그만큼 연구실에서 추가 작업을 해야 한다. 적어도 하루 정도는 더 걸릴 것이다. 만약 병아리 감별사들처럼 몇 가지 외형적인 특징을 파악해 구분할 수 있다면 현장 연구에서는 그 방법이 훨씬 유용하다.

그래서 예전부터 펭귄 연구자들은 분자 생물학적인 방법과 동시에 현장에서 쓸 수 있는 '외형을 통한 성별 감식 방법'을 개발하려고 노력했다. 일종의 '성 판별식'이다. 원리는 2차 방정식의 판별식과 비슷하다. (2차 방정식 $ax^2 + bx + c = 0$에서 판별식은 $b^2 - 4ac$이다.) 2차 방정식의 판별식에서 a, b, c의 값을 대입하고 그 결과값이 0보다 크거나 같으면 실근, 0보다 작으면 허근을 갖는다. 성 판별식도 이와 비슷하

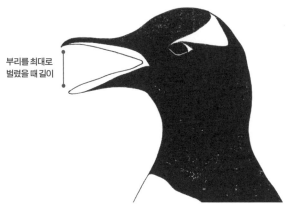

부리를 최대로
벌렸을 때 길이

↘젠투펭귄의 입을 최대로 벌렸을 때의 길이(maximum gap) 측정.

　　※　　08 암수를 구별하는 수학식

＼ 턱끈펭귄의 옆모습.

다. 측정값을 이용해 암컷과 수컷을 판단할 수 있는 식을 만들면 이 게 곧 성 판별식이 된다. 분자 생물학적인 방법과 비교해 90퍼센트 이 상의 높은 정확성을 갖는 식을 만들 수 있다면, 현장 연구에서 암수 를 구분할 때 손쉽게 사용할 수 있을 것이다.

펭귄의 성별을 구분하기 위해 쓰는 한 가지 방법은 입을 최대로 벌 려 보는 것이다.[1) 부리를 위아래로 최대한 크게 벌리게 한 뒤 그 길이 를 잰다고 하는데, 내가 직접 해 보니 측정을 제대로 하기 힘들었다. 측정치가 신뢰성이 있으려면 반복 측정을 해도 비슷한 값이 나와야 하는데, 펭귄 입의 벌린 길이는 잴 때마다 다르게 나왔다. 그리고 측 정 과정에서 사람의 힘이 가해진다면 펭귄 입에 손상을 줄 수 있다.

물속을 나는 새

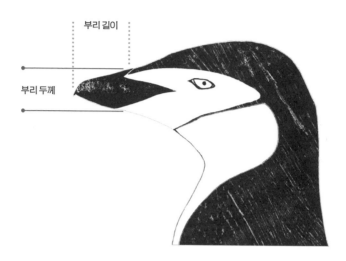

부리 길이

부리 두께

╲ 펭귄의 부리 길이와 두께를 측정하는 방법.

다른 연구자들도 그렇게 생각했는지 이 방법을 이용하는 사람들을
최근에는 보지 못했다.

최근 펭귄의 성별을 구분하기 위해서 가장 많이 쓰이고 있는 방법
중 하나는 부리 길이(bill length)와 부리 두께(bill depth)를 측정하는 방
법이다.[2] 부리의 길이가 길고 두께가 두꺼우면 수컷이고 짧고 얇으면
암컷인 경우가 많다는 점을 이용한 것이다. 지역별 개체군마다 조금
씩 측정치가 다르기 때문에 판별식이 달라지지만, 부리 길이와 두께
만 알면 90퍼센트 이상의 높은 확률로 암수를 구분할 수 있다.

실제 남극 킹조지 섬의 세종 기지 인근에 사는 펭귄을 대상으로
연구를 진행하면서, 처음에는 기존 연구자들의 성 판별식을 가져다

썼는데 아무리 봐도 뭔가 잘 안 맞는 느낌이 들었다. 부부 관계의 펭 권 두 마리의 측정값을 가지고 성 판별식에 대입했더니, 두 마리 모두 수컷 혹은 암컷이라고 나오는 경우들이 꽤 많았다. 그래서 기존 성 판 별식들을 이용한 결과와 분자 생물학적 방법을 통한 결과를 비교해 보았더니 정확도는 60~80퍼센트 수준으로 예상보다 꽤 낮게 나왔다.

펭귄 마을 개체군을 위한 특별한 판별식

아무래도 남극 세종 기지의 펭귄 마을 개체군 과 다른 펭귄 개체군의 몸 크기 측정치에 차이가 있을 수도 있겠다는 생각이 들었다. 같은 펭귄 종이라 하더라도 개체군마다 조금씩 변이 는 있을 수 있기 때문이다. 그래서 직접 연구할 펭귄들을 대상으로 한 성 판별식을 만들기로 했다. 판별식을 만드는 과정은 간단하다. 분자 생물학적 방법을 통해 얻은 성별값을 기준으로 삼아 측정치를 함께 넣고 '판별 조사(discrimination analysis)'라는 통계 분석을 하는 것이다.

그렇게 턱끈펭귄 46마리를 대상으로 분석한 결과 부리 길이와 부 리 두께를 이용한 성 판별식을 얻었다. 이 식에 부리 길이와 두께 측 정치를 대입하고 그 결과 값이 대략 0보다 크면 수컷으로 판별할 수 있고, 신뢰도는 대략 90퍼센트였다. 보통 부리가 좀 길고 두꺼우면 수 컷일 가능성이 높게 나타났다.[3]

젠투펭귄 44마리를 이용해 얻은 판별식은 부리 두께와 가운데 발 가락 길이가 중요한 것으로 나타났다. 펭귄의 부리 두께와 가운데 발가락 길이를 식에 대입해서 얻은 값이 0보다 크면 수컷이고 0보다 작으면 작으면 암컷이며, 이 경우도 신뢰도는 약 90퍼센트로 나왔다. 부리가 두껍고 가운데 발가락이 길면 수컷일 확률이 높았다.[4]

나는야 펭귄 감별사

　　이제 이 장의 첫머리에서 냈던 질문의 정답을 이야기할 차례다. 사진 속에서 아빠는 오른쪽, 엄마는 왼쪽이다! (대략 90퍼센트의 확률) 펭귄을 포획해서 자세히 측정해 보면, 아빠가 조금 더 길고 두꺼운 부리를 가진 것으로 나왔다. 이러한 판별식을 알고 있으면, 현장에서 '수컷을 잡아 샘플링을 해야 하는데……' 하는 생각이 들 때 펭귄 부부 중에서 부리가 길고 두꺼운 녀석을 찾으면 된다.

　　지난 4년 동안 약 600마리의 펭귄을 잡아 펭귄 몸에 기록 장치를 달고 회수하는 일을 하다 보니, 이제 거의 펭귄 감별사가 된 기분이 든다. 무리 속에 짝을 짓고 있는 펭귄 부부가 있을 때에는 누가 수컷이고 누가 암컷인지 어느 정도 구분할 수 있게 되었다. 어디 가서 자랑할 만한 이야기는 아니지만, 보통 사람들은 못하는 것을 나는 할 수 있다고 생각하면서 마음속으로 뿌듯해하고는 한다.

↘갓 부화를 시작한 젠투펭귄 둥지.

돌 품는 펭귄

"펭귄이 돌을 품는다고요?"

극지연구소에서 함께 펭귄의 번식 생태에 관해 연구하는 정진우 박사의 말을 처음 들었을 때에는 반신반의했다. 펭귄도 조류니까 당연히 알을 낳고 품은 뒤 새끼를 부화시킨다. 황제펭귄과 임금펭귄을 제외하고는 보통 두 개의 알을 낳아 암컷과 수컷이 번갈아가며 품어주는 것이 일반적인 펭귄의 포란 행동이다. 그런 펭귄이 돌을 품을 이유가 뭐가 있을까? 돌을 품는다고 돌이 새끼로 변하는 것도 아니고, 진화적으로 볼 때 전혀 의미 없는 행동으로 생각되었다.

설마 뭘 잘못 본 것이 아닐까 싶기도 했지만, 정진우 박사의 말은 상당히 구체적이었다. 2011년부터 매년 300개 정도의 턱끈펭귄 둥지를 확인했는데, 2012년 1개의 둥지와 2013년 2개의 둥지에서 펭귄이 돌을 품고 있었고 대략 일주일간 품다가 사라졌다고 했다. 참 특이한 일도 다 있구나 생각했지만, 그런 채로 머릿속에서 잊혀졌다.

그리고 2015년 12월, 남극에서 턱끈펭귄을 조사하던 중 펭귄 쌍이 돌을 품고 있는 모습을 직접 관찰했다. 마치 알을 품는 것처럼 소중하게 돌을 포란반(brood patch)에 넣고 있었다. 암컷과 수컷이 교대를 하면서 돌을 품었는데, 2주 정도 지속되다가 결국 둥지가 없어졌다. 그동안 관심을 기울이지 않아서 그냥 지나쳤을 둥지들까지 포함한다면, 돌을 품은 펭귄들의 숫자는 그리 적을 것 같지 않았다.

대체 이 펭귄들이 자기 알을 낳아서 키울 생각은 하지 않고 돌을 품는 이유는 뭘까? 이와 관련된 선행 연구들을 찾아보니 갈매깃과 조류를 시작으로 이와 같은 행동이 이미 여러 차례 보고되어 있다는 것을 알게 되었다. 연구자들은 새가 돌을 품는 이유를 알기 위해 크게 네 가지 가설을 가지고 접근했다.

첫 번째 가설: 둥지 안의 돌이 어미 새의 포란 행동을 강화할 것이다

1978년 6월에 미국의 조류학자인 맬컴 콜터(Malcolm Coulter)는 제비갈매기(common tern, *Sterna birundo*) 둥지를 조사하던 중 특이한 점을 발견했다. 제비갈매기가 자기 알과 함께 돌을 품고 있는 것이었다. 총 422개 둥지를 조사해 봤더니 그중 약 10퍼

↘ 2015년 12월 남극 세종 기지 인근 펭귄 마을에서 관찰한 턱끈펭귄 둥지 안의 돌(왼쪽 사진). 턱끈펭귄 부부가 이 돌을 정성스레 품고 있었다. 돌의 크기도 펭귄의 알과 비슷했다. 오른쪽 사진은 북미갈매기의 실제 알(가운데 상자 안)과 갈매기 둥지 안에서 어미가 품고 있던 돌멩이들이다.

센트에서 돌 품는 행동이 나타났다.[1] 갈매기나 제비갈매기 종류는 보통 3개의 알을 낳고 그 알을 따로 품을 수 있도록 포란반이 나뉘어 있다. 포란반에는 털이 없이 맨살이 드러나 있어서 알을 따뜻한 온도로 유지시켜 주는 역할을 한다.

그런데 주로 1개나 2개의 알을 낳은 녀석들이 남은 포란반 자리에 알과 비슷한 크기의 돌을 넣고 함께 품고 있었다. 자기 알이 아닌 돌멩이를 왜 함께 품고 있는 것일까? 콜터는 돌을 함께 품는 것이 포란 행동 자체를 자극해서 나머지 알들의 부화율을 높일 수도 있다고 생각했다. 알의 개수가 줄어들면 제비갈매기가 포란하는 시간에 영향을 미칠 수 있기 때문에, 새로 알을 낳기 힘든 경우 근처에서 쉽게 굴려 올 수 있는 작은 돌로 대체함으로써 포란에 문제가 없게끔 보완해 준다는 것이다.

1980년 미국 워싱턴 주와 오리건 주의 갈매기를 조사하던 마이클 코노버(Michael Conover)는 캘리포니아갈매기(California gull, *Larus californicus*)의 2503개 둥지와 북미갈매기(ring-billed gull, *Larus delawarensis*)의 둥지 2182개를 관찰했고, 각각 1.0퍼센트, 3.8퍼센트의 둥지에서 알과 비슷한 모양의 자갈을 발견했다.[2] 돌이 발견된 둥지는 제비갈매기의 경우와 비슷하게도, 대부분 알이 1개나 2개인 둥지였다. 이 결과를 놓고 보면, 알과 함께 품어 준 돌이 포란 행동을 강화시키는 역할을 할 수도 있다는 콜터의 가설(포란 자극 가설, incubation stimuli hypothesis)과 부합한다. 캘리포니아갈매기와 북미갈매기도 3개의 알을 낳는데, 알 개수가 다 차지 않은 둥지에서 어미가 알과 비슷한 돌을 추가로 품어 주었을 가능성이 높아 보였다.

2013년 남아프리카공화국에서 번식하는 남방큰재갈매기(Kelp gull, *Larus dominicanus*)에서는 돌만이 아니라 동물 뼈, 나뭇가지, 조개껍데기, 플라스틱 가방을 품는 행동이 관찰됐다. 249개 둥지 가운데 11개 둥지에서 그런 행동이 관찰되었는데, 이 가운데 6개 둥지에는 다른 알이 없었고 나머지 5개 둥지에는 알이 1개 혹은 2개가 있었다.[3] 연구진들은 알이 3개인 둥지가 없었던 점으로 미루어 볼 때, 돌뿐 아니라 주변에서 구할 수 있는 다른 비슷한 크기의 물체들이 모두 포란을 자극하는 역할을 할 것이라고 생각했다.

✳ 물속을 나는 새

두 번째 가설: 먹이로 오인해 가져온 돌을
실수로 품었을 것이다

앞서 소개한 코노버는 갈매기 둥지의 관찰과 함께 간단한 실험을 했다. 알과 돌을 함께 품고 있는 북미갈매기의 둥지 11개에서 알을 제거한 것이다. 만약 포란 자극 가설이 맞다면 알이 제거되었을 때 부모가 단지 돌만 품지는 않을 것이라고 예측했다. 하지만 예상과는 달리 11개의 둥지 중 8개의 둥지에서 돌을 계속 품었다. 같은 시기에 비교 집단으로 만든 12개의 둥지(돌이 없이 알만 품고 있는 둥지)에서도 알을 제거했는데, 이때는 모든 새들이 포란을 멈추고 둥지를 버렸다.

코노버는 포란 자극 가설이 맞다면 북미갈매기가 알도 없이 돌만 계속 품고 있는 행동이 제대로 설명되지 않는다고 생각했다. 물론 이 실험에도 약점이 있다. 부모 입장에서는 돌이 계속 포란반을 자극하기 때문에 알로 오인하고 포란 행동을 지속할 수도 있기 때문에 이 실험 결과를 가지고 포란 자극 가설을 기각할 순 없다. 만약 제대로 실험 설계가 되려면 3개의 알이 있는 둥지에서 1개나 2개의 알을 제거한 뒤, 근처에 알과 비슷한 모양의 돌을 두고서 갈매기가 돌을 가져다 품기 시작했는지 여부를 확인해야 한다.

코노버는 알과 비슷한 크기의 자갈을 먹이로 오인해 갈매기가 삼키거나 둥지로 가져왔다가 품게 되었을 가능성을 언급하면서, 이를 '먹이 오인 가설(mistaken-food hypothesis)'이라고 이름 붙였다.[4] 갈매기에서 종종 다른 새의 알을 품는 것은 이전부터 보고된 적이 있었는데, 갈매기가 다른 새의 알을 사냥해서 둥지로 가져왔다가 실수로 품는 경우가 있었다.

하지만 갈매기 부모의 실수로 설명하기에는 돌을 품고 있는 갈매기 둥지의 숫자가 너무 많았다. 전체의 10퍼센트 둥지에 돌이 있는 번식지도 있었는데, 10퍼센트의 부모가 모두 실수를 했다고 생각하기는 힘들다. 또한 먹이로 생각하고 돌을 가져온 것이라면 번식지 바깥에 있는 취식지에서 가져왔어야 했는데, 코노버가 살펴보니 둥지가 있는 곳 인근에서 가져온 돌이었다. 관찰에 기반한 것이 아니고, 먹이로 오인해서 가져왔을 가능성을 설명하기 위해 만든 가설이라서, 실제 현장에서 모인 데이터를 뒷받침하기에는 무리가 있었다.

세 번째 가설: 둥지 근처의 돌을 알로 착각해 가져왔을 것이다

코노버가 제기한 또 다른 가설은 일명 '알 오인 가설(mistaken-egg hypothesis)'이다.[5] 새들이 알을 품다 보면 자기 알이 둥지 밖으로 빠져 나갈 수도 있다. 특히 갈매기들처럼 땅바닥에다 둥지를 만드는 경우에는 그런 일이 생길 가능성이 더 많아진다. 따라서 둥지 근처에 알과 유사하게 생긴 돌을 둥지로 끌어들여 품었을 수도 있을 것이다. 자기 알과 함께 비슷한 돌 하나를 더 품는 것은 그렇게 어려운 일이 아니기 때문에, 행여나 둥지 밖으로 굴러 나갔을지 모르는 알을 모른 척하기는 힘들 것이다. 따라서 새들이 비록 자기 알

인지 확신이 없어도 포란반에 여유가 있다면 근처에서 뭔가를 끌어다 품을 수도 있을 것이다.

코노버는 북미갈매기의 진짜 알과 돌을 가지고 간단한 테스트를 했는데, 둥지 바깥에 알이나 돌을 빼 보았더니 부모는 자기 알이든 돌이든 상관없이 둥지로 다시 끌어들이려는 행동이 강하게 나타났다. 그리고 북미갈매기는 자기 자신의 알과 다른 둥지의 알을 잘 구분하지 못했는데, 알에 대한 분별이 떨어진다는 점에서 돌을 알로 착각해서 가져왔다는 설명이 설득력이 있어 보인다. 또한, 이 가설에 따르면 굳이 그 물체가 돌이 아니더라도 동물의 뼈나 조개껍데기를 품은 남방큰재갈매기의 사례도 설명할 수 있다.[6] 캐나다기러기(Canada goose, *Branta canadensis*)가 솔방울을 품었다거나[7] 흑고니(black swan, *Cygnus atratus*)가 유리병을 품었다는 행동도 보고된 바 있다.[8]

네 번째 가설: 어리거나 경험이 부족한 부부가 연습 삼아 돌을 품었을 것이다

1987년 캐나다 매니토바의 한 호수에서 쌍뿔가마우지(doubled-crested cormorants, *Phalacrocorax auritus*)를 연구하던 키스 홉슨(Keith Hobson)은 37개 번식지를 돌며 총 3만 5191개 둥지를 조사했다. 이 가운데 10개 번식지의 둥지 1만 2784개 중 47개의 둥지에서 작은 돌멩이가 들어 있는 것을 관찰했다. 이듬해에도 9개 번식지의 둥지 1만 1286개 가운데 74개 둥지에서 돌을 찾아냈다. 방대한 데이터를 바탕으로 홉슨은 돌이 있는 둥지의 위치가 주로 번식지의 외곽에 있다는 점에 주목했다. 개체마다 나이를 알진 못하지만, 일반적으로 어리고 성적으로 제대로 성숙하지 못한 번식 쌍들이 번식지 바깥을 맴돌며 둥지를 만들거나 번식 시도를 했다.[9]

따라서 돌을 품는 행동이 당장 새끼를 만들어 내진 못해도, 둥지를 짓는 기술을 익히고 머지않은 미래에 알을 실제로 품기 위한 연습이 될 수도 있을 것이다. 홉슨의 주장은 '어떻게' 새가 돌을 둥지로 끌어들였는지 그 과정보다는, '왜' 돌을 품는 행동이 진화되었는지에 대한 설명이다. 그의 가설은 큰 규모의 군락을 이루고 번식하는 해양 조류에서 알을 제대로 낳지 못하면서 번식을 시도하는 개체들이 적잖게 관찰되는 이유를 설명해 준다.

아직은 알쏭달쏭한 펭귄의 돌 품기

펭귄에서 포란 기간에 알 외에 다른 물체를 품었다는 행동이 보고된 적은 아직 없었다. 어떻게 돌이 둥지 안으로 들어오게 되었고, 그 돌을 펭귄이 왜 품고 있는지 밝혀진 바가 없다. 하지만 위에서 소개한 네 가지 가설을 가지고 들여다보면, 어느 가설과 가장 잘 부합할지를 따져볼 수 있을 것이다.

턱끈펭귄 관찰 사례들의 가장 큰 특징은 제비갈매기나 북미갈매기처럼 자기 알이 있는 상태에서 돌을 함께 품은 것이 아니라, 모두 돌만 품었다는 점이다. 그리고 쌍뿔가마우지의 경우처럼, 번식지의 외곽에서 발견된 둥지들이며, 돌을 품는 기간이 그리 오래 지속되지 않다가 둥지가 사라졌다.

이런 점을 종합해 보면 네 번째 가설이 가장 가깝지 않을까 생각한다. 펭귄에서 돌을 품는 둥지는 포란 행동 자체를 시험해 보거나 연습했던 게 아닐까 한다. 펭귄 번식지에서도 쌍뿔가마우지와 마찬가지로 번식지 바깥쪽에 둥지를 트는 개체들은 서열이 매우 낮다. 또한 다른 둥지들에 비해서 알 품는 시기가 굉장히 느렸다는 점에서도 번식에 서툰 부부라는 추측이 가능하다. 이제 갓 둥지 만드는 기술을 익히고 부부의 연을 맺은 펭귄들이 자기 알을 제대로 낳지 못한 상태에서 돌을 물어다 품는 연습을 한 것은 아니었을까? 펭귄들이 보통 성적으로 성숙하려면 3~4년씩 걸리기 때문에, 번식을 시도하는 과정에서 한 해 정도는 돌을 품으며 일종의 선행 훈련 효과를 얻을 수 있다.

하지만 매년 300개의 둥지 가운데 1~2개만 발견되었다면 다른 조류들에 비해 발견 빈도가 매우 낮은 편인데, 왜 이렇게 적은 수만 관찰되는지에 관한 설명이 부족하다. 어리고 미성숙한 부부들이 번식지에 들어와 새로 자리를 잡는 게 힘들겠지만, 관찰 빈도가 그 정도로 낮다고 생각되지는 않는다. 그리고 무엇보다 이런 가설을 제대로 검증하기 위해서는 펭귄의 나이와 서열을 알아야 하고, 펭귄의 생활사에 관한 자세한 정보가 축적될 필요가 있다. 너무 쉽고 당연한 듯 말했지만, 나이를 비롯한 동물의 생활사는 개체군 내에 있는 모든 개체들에게 개체 인식표를 달아 구분을 해야 하고, 태어나서 죽을 때까지 장기적인 관찰을 해야 알 수 있는 귀한 정보다.

젠투펭귄 가족. 보통 두 마리의 새끼를 낳아 키운다

10 펭귄의 육아

2017년 여성가족부의 발표에 따르면, 가구당 월 평균 육아 비용은 107만 원으로 전체 지출의 3분의 1을 차지한다. 부모들의 90퍼센트 이상은 육아 비용에 부담을 느낀다고 답했다. 2013년 보건복지부의 조사를 보면, 자녀 1인당 대학 졸업 때까지 들어가는 양육비는 총 3억 896만 원에 이른다.

어느덧 학부모가 된 친구들을 만날 때면, 늘 아이를 키우는 일이 얼마나 힘든지에 대한 하소연을 듣게 된다. "아이 얼굴을 보면 힘이 나지만, 통장을 보면 기운이 빠져. 유치원에 학원에 교육비는 왜 이렇게 비싼 건지, 돈이 너무 많이 들어가. 내 월급으로는 어림도 없다. 신혼 때가 좋았지, 애가 태어나고 나서는 내 생활이 완전히 바뀌었어."

↘ 황제펭귄 가족. 황제펭귄과 임금펭귄은 다른 펭귄들과는 달리 한 개의 알을 낳아 키운다.

✳ 물속을 나는 새

친구들의 이야기를 듣다 보면 부모가 느끼는 양육의 부담은 어쩌면 인간뿐 아니라 모든 동물이 겪는 감정이 아닐까 하는 생각이 든다. 친구들이 기분 나쁠까 봐 입 밖으로 이야기를 하지는 않았지만, 펭귄들이 부모 노릇 하는 것을 보면 (친구들을 만나서 하소연할 시간도 없을 만큼) 정말 힘들어 보인다.

황제펭귄은 새끼를 키우기 위해 장기 단식을 불사한다

암컷 황제펭귄은 알을 낳기까지 평균 45일 동안 굶은 상태로 눈보라를 맞으며 버틴다. 알을 낳고 나면 수컷과 교대를 한 뒤 먹이를 찾아 바다로 떠나는데, 수컷 황제펭귄은 알을 품으며 아무것도 먹지 않은 채로 평균 115일 동안 암컷이 돌아오길 기다린다. 알이 깨어난 뒤 암컷이 도착하기까지 새끼에게 줄 먹이가 없으면, 약 10일간은 식도에서 분비되는 단백질과 지방이 합쳐져 굳은 우유와 같은 물질 '커드(curd)'를 뱉어 내어 새끼에게 먹인다.[1]

턱끈펭귄은 먹이 사냥 때 몸무게를 30퍼센트 늘려 돌아온다

턱끈펭귄은 31~39일 동안 알을 품고, 4~5주 동안 둥지에서 새끼에게 먹이를 준다. 알을 품는 동안에는 교대 기간

알을 품는 기간

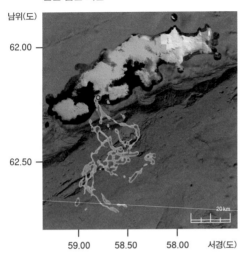

남위(도)

62.00

62.50

59.00 58.50 58.00 서경(도)

20 km

새끼에게 먹이를 주는 기간

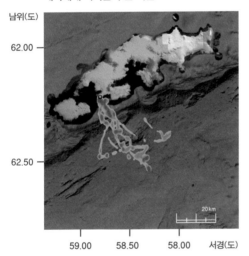

남위(도)

62.00

62.50

59.00 58.50 58.00 서경(도)

20 km

95 80 50 20

커넬 밀도(퍼센트)

↘ 남극 킹조지 섬 세종 기지 인근에 번식하는 턱끈펭귄의 잠수 위치 지도. 알을 품는 기간에는 먼바다까지 나가서 오랜 시간을 보내지만, 새끼가 태어나고 먹이를 주는 기간이 되면 번식지에서 가까운 바다에서 짧은 시간 동안 취식 활동을 한다.

이 느슨해서 3~7일 정도 간격을 두고 교대를 한다. 최대 65킬로미터 떨어진 먼바다까지 헤엄쳐 나가 여유 있게 먹이를 찾는다. 하지만 새끼가 태어나고 나면 간격은 9~10시간으로 짧아진다.[2] 짝이 알을 품는 동안에는 자기 배만 불리고 다시 둥지로 돌아가 교대를 해 주면 그만이었다. 하지만 새끼가 깨어나면 먹이를 달라고 보채는 어린 자식에게 음식을 줘야 한다. 하루가 다르게 커 나가는 새끼에게 먹이를 주려면 부지런히 사냥을 해야 한다. 먼바다로 나갈 시간이 없기 때문에, 주로 가까운 해역에서 새끼에게 뱉어 주기 쉬운 크릴을 사냥해서 둥지로 돌아간다.

갓 태어난 새끼는 70~80그램에 불과하지만, 어미에게 먹이를 받아먹고 30일이 지나면 2.5~3.5킬로그램으로 무게가 50배 가까이 증가한다. 펭귄들이 바다로 먹이 사냥을 나가기 전과 후의 몸무게를 달아 비교해 보니, 한 녀석은 체중이 3.9킬로그램이었던 것이 1.2킬로그램이나 늘어나 5.1킬로그램이 되어 있기도 했다. 자기 몸무게의 약 30퍼센트를 증가시킨 셈이다![3]

뱉어 낸 먹이에서 물기를 제거하고 무게를 달아도 최대 510그램이 나갔고, 굉장히 신선해 보였다. 바다에서 돌아온 펭귄들은 배가 볼록 튀어나와 한눈에 새끼에게 줄 먹이를 잔뜩 뱃속에 넣어 온 것이 보일 정도다. 함께 연구하던 한 일본인 과학자는 얼마나 맛있기에 펭귄들이 이토록 열을 내어 사냥하는지 궁금하다면서, 펭귄이 뱉어 낸 크릴을 한 마리 집어 먹어 보기도 했다. (나는 그 정도로 궁금하지는 않았기에 먹지 않았다. 맛이 어떤지 물어보니 달콤하고 짭짤한 새우 맛이라고 한다.)

✳

젠투펭귄도 위에 담긴 크릴을 뱉어
새끼에게 먹인다

젠투펭귄은 평균 35일간 알을 품고 새끼가 태어난 지 5주가량 지나면 둥지를 벗어난다. 80~100그램의 무게로 태어난 새끼는 30일이 지나 통통하게 살이 올라 몸무게가 3.0~3.5킬로그램으로 40배 정도 증가한다.[4] 젠투펭귄도 턱끈펭귄과 마찬가지로 새끼를 키우는 기간에는 9~10시간에 한 번씩 교대를 하며, 바다에서 크릴을 먹고 돌아와 새끼에게 먹인다. 새끼는 끊임없이 어미의 품에서 먹이를 달라고 조르며 어미의 입을 부리로 두드리며 보채고, 어미는 이러한 새끼의 요구에 반응해 배 속에 있는 먹이를 조금씩 뱉어 낸다.

포식자로부터 새끼를 지켜라

밥만 잘 먹인다고 육아가 해결되지는 않는다. 어미는 호시탐탐 알과 새끼를 노리는 포식자들을 잘 막아야 한다. 알을 품는 단계와 새끼가 깨어난 지 얼마 되지 않은 기간에는 도둑갈매기들이 주요 포식자다. 이들은 아예 펭귄 번식지 주변에 둥지를 틀고 틈틈이 사냥을 하러 온다. 도둑갈매기 둥지 주변에는 펭귄 새끼의 발과 뼛조각들이 어지럽게 널려 있다. 두어 마리가 함께 팀을 이뤄 기술적으로 새끼를 노리기도 하는데, 이럴 때에는 펭귄 어미 혼자서는 역부족이다. 따라서 펭귄 어미들은 공동으로 대응하면서 이들의 접근을 차단하고 쫓아낸다. 조금 큰 펭귄 새끼들은 주로 남방큰풀마갈매

↘ 왼쪽은 해빙 위에서 죽은 채 발견된 남극크릴. 오른쪽은 펭귄이 토해 낸 남극크릴이다. 몸무게 3~4킬로그램이던 펭귄은 한 번 먹이 사냥을 다녀오면 뱃속에 크릴을 잔뜩 넣어 1킬로그램 정도 무게가 증가한 채 둥지에 돌아온다.

기(southern giant petrel, giant fulmar, *Macronectes giganteus*)의 공격 대상이 된다. 날개를 펼치면 길이가 2미터 가까이 되는 큰 새가 날카로운 부리로 공격해 오면, 어미만큼 크게 자란 펭귄 새끼들도 당하고 만다. 이런 모습을 보고 있노라면 펭귄이 가엾게 느껴지기도 하지만, 둥지에서 먹이를 기다리고 있을 갈색도둑갈매기와 남방큰풀마갈매기의 새끼들을 생각하면 어쩔 수 없는 노릇이다. 그리고 펭귄 역시 한 번 사냥에 수백 마리의 크릴을 먹어치우고 있는 상위 포식자다.

다른 집에 들어가 굶어 죽은 턱끈펭귄

지난 2017년 1월 19일 펭귄 마을에서는 매우 희귀한 모습이 관찰되었다. 턱끈펭귄 새끼 한 마리가 젠투펭귄 둥지 안에서 발견된 것이다. 이곳은 젠투펭귄과 턱끈펭귄 번식지의 경계

부위에 있는 둥지였는데, 어떤 이유에서인지 턱끈펭귄 새끼가 자기 둥지를 잃고 젠투펭귄의 품에 들어간 모양이었다. 2014년 펭귄 조사를 시작한 이래 이런 광경은 처음 보았기 때문에 사진을 찍고 기록을 하기 시작했다. 펭귄처럼 집단으로 번식하는 새들은 음성이나 시각 정보를 통해 자기 새끼를 알아보고 구분하기 때문에, 다른 새끼가 자기 둥지에 들어오는 것을 꺼린다. 그런데 같은 젠투펭귄도 아니고, 턱끈펭귄의 새끼가 들어왔는데 어쩌면 이렇게 평화롭게 지낼 수 있는 것일까?

자세히 관찰해 보니 턱끈펭귄 새끼를 굳이 둥지 밖으로 쫓아내지는 않았지만, 그렇다고 먹이를 주진 않았다. 보통 어미가 새끼에게 먹

↘ 위에 담긴 크릴을 뱉어 새끼에게 먹이는 어미 젠투펭귄.

이를 줄 때에는 서로 소리를 내면서 일종의 신호를 주고받는데, 이런 과정에서 턱끈펭귄 새끼가 배제되는 것 같았다. 그래도 혹시나 하는 마음에 펭귄 마을에 갈 때마다 확인을 해 보았는데, 결국 사흘이 지나 죽은 채로 발견되었다. 배가 들어가고 전체적으로 몸이 마른 것으로 보아 아마도 굶어 죽은 것 같았다. 아주 드문 경우라고 생각되지만, 새끼가 자기 둥지 밖으로 나가 길을 잃고 다른 둥지에 들어가게 된다면 공격을 당하지 않더라도 먹이를 얻어먹지 못하기 때문에 살아남기 힘들다.

새끼를 피해 도망 다니는 어미

새끼가 태어나고 한 달이 지나 둥지를 떠날 정도로 크고 나면, 새끼들끼리 모여서 보육원 그룹을 형성하고 어미가 먹이를 가지고 돌아오길 기다린다. 어미가 바다에서 사냥을 마치고 돌아오면 보육원으로 와서 자기 새끼에게 먹이를 주는데, 선뜻 주진 않는다. 새끼가 다가오면 마치 도망가는 것처럼 열심히 뛰어간다. 그러면 당황한 새끼는 어미를 따라 함께 달려간다. 이 모습을 처음 본 사람들은 하나같이 다 웃음을 터뜨린다. '도대체 펭귄이 왜 저러는 거야? 자기 새끼가 아닌가?' 하지만 어미는 한참을 도망가다가 휙 돌아서서 새끼에게 먹이를 준다. '뭐야, 자기 새끼 맞는데 왜 도망을 갔던 거지?'

나뿐만 아니라 펭귄을 관찰했던 선행 연구자들도 이 모습을 보고

고개를 갸웃거렸다. 어떤 연구자들은 '자기 새끼만 보육원에서 데리고 나와 먹이를 주려는 전략이 아닐까?'라고 생각했고, 또 어떤 연구자들은 '저렇게 도망 다니는 과정에서 자기 새끼를 알아보는 것은 아닐까?'라고 추측했다.

1992년 스페인 연구진이 턱끈펭귄을 대상으로 관찰해 보니, 새끼가 한 마리인 경우에는 이런 행동이 드물었는데 두 마리인 부모는 이런 도주 행동을 훨씬 자주 보였다. 또한 열심히 어미를 쫓아다닌 새끼들이 먹이를 더 많이 얻어먹었다.[5] 이런 결과들을 보면, 펭귄 어미의 도주 행동은 형제자매들의 경쟁을 줄이고 배고픈 녀석에게 먹이를 주려는 분배 전략의 하나로 이해할 수도 있을 것이다.

알에서 깬 지 6주 정도가 지나면 어느새 새끼를 덮고 있던 솜털이 빠지고 어미와 같은 빳빳한 방수털이 올라오면서 부모와 비슷한 모습으로 바뀐다. 남극의 여름이 끝나는 3월이 되면 새끼들도 바다에 익숙해져야 한다. 곧 독립해서 먹이도 찾고 포식자로부터 스스로를 보호해야 한다. 어미는 새끼가 물속에서 헤엄칠 때까지 계속 돌본다. 만약 새끼가 아무 일 없이 건강하게 잘 자란다면 새로운 터전을 찾아 떠날 것이다. 그리고 2~3년쯤 지나면 짝을 찾을 것이고, 어미가 그랬듯 알을 낳고 새끼를 키우며 누군가의 어미가 된다.

젠투펭귄 둥지에 들어간 턱끈펭귄 새끼(회색 털에 눈과 부리가
검은 개체). 며칠 가지 않아 굶어 죽고 말았다.

↘ 등에 수심 기록계를 부착한 턱끈펭귄 부부. 구분이 쉽게 한 마리는 검정색, 다른 한 마리는 하얀색 테이프를 사용해 장치를 달아 주었다.

11 턱끈펭귄 실종 사건

번식기 펭귄의 행동 생태 연구는 지루한 일상의 연속이다. 행동을 정확히 기록하기 위해 펭귄을 잡아서 GPS 추적 장치나 비디오카메라 같은 소형 기록계를 달았다가 회수하기를 매일 반복한다. 펭귄을 기다렸다가 포획해 장치를 부착하고 며칠 뒤 다시 떼어낸다. 그러다보니 어떤 때에는 값비싼 장치를 달고 바다로 나간 펭귄이 돌아오지 않는 일도 생긴다. 며칠 기다려도 펭귄이 돌아오지 않으면 장비 가격을 떠나, 그간의 노력이 물거품이 된 것만 같아 허탈한 마음이 든다. 해안가를 돌아다니며 혹시나 하는 마음으로 펭귄들을 찾아다니지만, 5000쌍이 넘는 펭귄들이 번식하는 곳에서 녀석을 발견한다는 것은 서울 가서 김 서방 찾기와 같다. 펭귄은 대체 어디로

간 것일까? 바다에 나갔다가 포식자인 물범에게 잡아먹혔을 수도 있지만, 가끔은 배우자를 뒤로하고 어딘가로 떠나 버리는 경우도 있다.

돌아오지 않은 남편 펭귄,
눈보라 속 둥지 지킨 아내 펭귄

보통 11월 말이 되면, 턱끈펭귄은 알을 낳아 교대로 품기 시작하는데, 이때에 맞추어 펭귄 번식지를 방문해 펭귄 부부가 교대하기를 기다렸다가 장치를 부착한다. 장치의 신호를 분석하면 펭귄들의 잠수 패턴과 취식 활동에 대한 정보를 얻을 수 있다.

연구를 위해 포획한 펭귄 부부에게는 간단하게 이름을 붙인다. 2015년 12월 5일에 잡은 턱끈펭귄 부부의 수컷은 'C05B' 그리고 암컷은 'C05W'라고 적었다. 앞 글자 'C'는 턱끈(chinstrap)의 알파벳 첫 글자에서 따왔고, 숫자 '05'는 다섯 번째로 포획한 펭귄 부부라는 뜻이다. 그리고 'B'는 검은색(black), 'W'는 흰색(white)에서 따왔다. 기록 장치를 테이프로 펭귄의 등에 부착할 때 부부를 쉽게 구분하기 위해 이렇게 다른 색깔의 테이프를 사용했다. 좀 딱딱한 방식이라 재미없게 느껴질 때도 있다. 마음 같아서는 제주 바다로 돌아간 돌고래 '제돌이'처럼 귀여운 이름을 붙여 주고 싶지만, 해마다 100마리가 넘는 펭귄들을 관찰해야 하니 어쩔 수 없이 쉬운 분류가 가능하게끔 알파벳과 숫자의 조합으로 이름을 짓게 된다.

C05B는 둥지에서 알을 품다가 C05W와 교대를 하고서 바다로 나

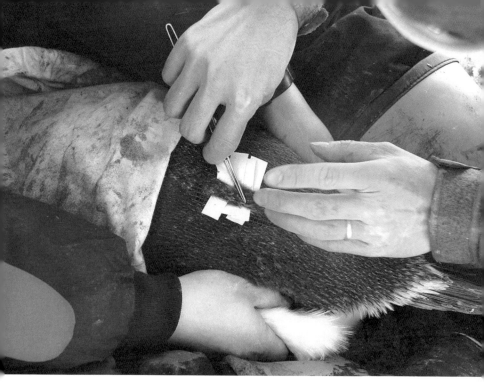

↘ 펭귄의 등에 방수 테이프를 엇갈려 붙인 뒤 수심 기록계나 GPS 같은 바이오로거를 올려놓고 감싸 주면 한 달 정도는 너끈히 붙어 있다.

갔다. 그런데 하루가 지나고 이틀이 지나도 C05B는 돌아오지 않았다. C05W는 아무것도 먹지 않고 둥지에 남아 알을 품었다. 잠시라도 자리를 비우면 언제 도둑갈매기가 날아와 알을 채어 갈지 모르기 때문에 계속 자리를 지켜야 했다. 추운 날씨에 눈보라를 맞아 가며 망부석처럼 둥지에서 짝을 기다렸고, 그 모습을 관찰하는 내 마음도 C05W만큼이나 타들어 갔다.

보통의 턱끈펭귄이었다면 아무리 멀리 가도 30킬로미터를 넘지 않는다. 늦어도 2~3일 안에는 둥지로 되돌아왔을 텐데 뭔가 이상했

✳

다. C05B가 혹시 물범에게 잡아먹힌 것은 아닌지 염려되었고, 한편으로는 펭귄 몸에 달려 있는 기록 장치가 사라졌을까 봐 걱정스러운 마음도 들었다. 보름이 지나도록 결국 C05B는 나타나지 않았다. 그리고 16일째 되던 날, C05W는 더 참을 수 없었는지 둥지에 알을 남겨 둔 채 사라졌고 둥지에 있던 알은 도둑갈매기에게 먹히고 말았다.

그렇게 C05B는 기록 장치와 함께 실종되었고, 나도 수색을 그만두었다. 펭귄들의 번식 기간은 정해져 있기 때문에, 이 펭귄에게만 시간을 더 허비할 수는 없었다. C05B와 기록 장치는 포기하기로 하고, 다른 펭귄들을 관찰하는 일에 열중하기로 했다.

다른 펭귄 번식지에서 발견된 C05B

한 달 여의 시간이 더 지나, 2016년 1월 21일 미국 해양 대기청의 제퍼슨 힌케 박사(Jefferson Hinke)한테서 한 통의 이메일이 왔다. 남극반도 곳곳에서 연구하고 있는 모든 연구팀들에 보낸 단체 메일이었다.

"남극반도 리빙스턴 섬 케이프시레프(Cape Shirref)에서 일하던 우리 동료가 수컷 턱끈펭귄에 뭔가 검은 원통형 물체가 달려 있는 것을 보고 회수했습니다. 수심 기록계 같아 보이는데, 혹시 어느 연구진에서 부착했는지 아시는 분 있나요? 사진을 첨부했으니 확인해 주세요."

사진을 보니 C05B에게 달았던 수심 기록계였다. 남극에서 펭귄을 연구하는 팀의 수는 전 세계를 통털어도 손발로 셀 수 있을 정도이며, 국제적 네트워크가 잘되어 있어 가능한 일이었다. (남극에서는 언제 어떤 일이 벌어질지 모르기 때문에, 보통 연구자들이 이렇게 국적에 관계없이 정보를 공유하며 도움을 주거니 받거니 하는 일이 흔하다.)

반가운 마음으로 힌케 박사와 그 동료들에게 고맙다는 답장을 보냈고, 약 2달 후 국제 우편을 통해 수심 기록계를 받을 수 있었다. 기록계의 데이터를 살펴보니, 안타깝게도 수심 기록계가 중간에 고장을 일으켜 C05B가 그간 어떻게 행동했는지 알 방법은 없었다. 하지만 죽은 줄로만 알았던 C05B가 약 7주가 지나 펭귄 마을이 있는 킹조지 섬으로부터 서남쪽으로 114킬로미터 떨어진 다른 펭귄 번식지에서 발견되었다는 사실은 명확했다. 이곳은 사우스셔틀랜드 군도의 북쪽 바다에 접한 곳이라 거기까지 헤엄쳐 가기 위해서는 섬과 섬 사이의 해협을 통과하거나 군도를 돌아서 가야 하기 때문에 훨씬 먼 거리를 이동했을 거라 생각된다.

114킬로미터의 긴 여정, 대체 무슨 일이지?

이번 일을 겪으면서 두 가지 궁금증이 생겼다. 첫 번째는 '왜 중간에 번식을 그만두고 사라졌을까?', 두 번째는 '펭귄은 얼마나 멀리 이동할까?'이다.

C05B는 왜 짝을 둥지에 남겨 둔 채 알을 품으러 돌아오지 않았을까? 인간이 달아 놓은 장치가 많이 불편했을 수도 있다. 동물 행동 연

113　　　✻　　　11 턱끈펭귄 실종 사건

구를 하다 보면 어쩔 수 없는 연구자의 방해와 간섭에 민감하게 반응하는 개체들이 분명 있다. 그래서 연구자들은 늘 동물 윤리(animal ethics)에 따라 심한 스트레스를 주는 방법은 사용하지 않는다. 하지만 수심 기록계 부착은 1960년대부터 사용한 기술이며, 펭귄에게 영향을 거의 끼치지 않는다고 알려져 있었다. 14그램에 불과한 작은 장비이며, 부착과 회수에 5~10분밖에 걸리지 않는 간단한 방법이다. 이제껏 수백 마리의 펭귄에게 장치를 부착하면서 이렇게 펭귄이 사라졌다가 다른 곳에서 발견된 경우는 처음이었다. 혹시나 짝이 마음에 들지 않아서 새로운 짝을 찾아 다른 번식지로 떠나간 것은 아니었을까?

일본에서 펭귄을 연구하는 한 동료에게 이 이야기를 했더니, 노르웨이 연구진이 2010년에 발표했던 논문[1]을 읽어 보라고 권해 주었다. 그 논문을 꼼꼼히 읽어 보니 아남극권의 턱끈펭귄에서도 비슷한 일이 있었다. 대서양 남쪽 남극 인근에 있는 노르웨이령 부베 섬에서 번식기 턱끈펭귄 7마리에게 위치 추적 장치를 달아 주었는데, 한 마리가 3600킬로미터 떨어진 몬터규 섬까지 이동했다고 한다. 이 펭귄은 총 22일 동안 남서쪽으로 열심히 헤엄쳐 최대 2만 쌍의 턱끈펭귄이 모이는 대규모 번식지로 떠났다.

몬터규 섬이 있는 사우스샌드위치 군도(South Sandwich Islands)에는 전 세계 턱끈펭귄의 30퍼센트가 산다.[2] 턱끈펭귄 번식지들 가운데서도 원조격에 해당하는 대도시라 할 수 있다. 만약 비교적 최근에 생긴 작은 규모의 부베 섬에 사는 펭귄들이 종종 대규모 번식지인 몬터규

✳

리빙스턴섬
케이프시레프

114km

킹조지 섬
나레브스키 포인트

↘ 남극반도 사우스셔틀랜드 군도의 위성 사진. 사우스셔틀랜드는 여러 섬으로 이루어져 있는데, C05B는 킹조지 섬 나레브스키 포인트에서 실종된 지 약 7주가 지나 리빙스턴 섬 케이프시레프 해안에서 발견되었다. 두 지역은 직선 거리로 114 킬로미터나 떨어져 있다.

섬을 오가며 산다면 이런 장거리 이동이 가능하지 않았을까? 노르웨이 학자들의 의견에 따르면, 펭귄은 번식지 한 곳을 정해서 평생 머무는 것이 아니라 여러 번식지들을 이동하며 살지도 모른다.

　C05B가 발견된 케이프시레프는 2015년 겨울, 대략 3300쌍의 턱끈펭귄이 번식했던 곳으로 남극반도의 턱끈펭귄 주요 번식지 중 하나이다. 1966년부터 남극 특별 보호 구역(ASPA no. 11)으로 지정되었을 만큼 생물학적으로 중요한 지역이기도 하다. 이곳에서 3300쌍이 번식을 했다는 것은 6600마리의 부모가 번식을 시도했다는 뜻이며 번식을 하지 않은 개체들과 그해 태어난 새끼들의 수까지 따지면 이

　✳　11 턱끈펭귄 실종 사건

지역에 사는 턱끈펭귄은 1만 마리가 훌쩍 넘을 것이다. 인근 지역에서는 가장 큰 규모의 턱끈펭귄 번식지다.

세종 기지 인근 펭귄 마을의 2015년 겨울 번식 기록을 살펴보면, 대략 2800쌍의 턱끈펭귄이 번식을 했다. 케이프시레프보다 약간 작은 규모다. C05B도 혹시 근처의 다른 번식지를 찾아서 이동하다가 케이프시레프에 닿은 것은 아닐까?

펭귄의 장거리 이동

고작 한 마리의 펭귄한테 일어난 일을 두고 이러쿵저러쿵 따져 가며 행동의 원인을 찾는다는 것이 큰 의미는 없을 수도 있다. C05B의 사례를 학술적인 논문으로 보고하거나 발표하지는 않지만, 이번 턱끈펭귄 실종 사건을 겪으면서 우리가 얼마나 펭귄에 대해 모르고 있는 것이 많은지 깨닫게 되었다.

특히 펭귄 부부의 짝짓기와 계절별 이동과 관련해 문헌을 찾다 보니 선행 연구 결과가 생각보다 너무 적었다. 아마 기술적인 한계와 현실적인 어려움 때문일 것이다. 예전에는 펭귄의 날개 부분에 금속으로 된 인식표를 달기도 했는데, 펭귄의 생활에 방해가 될 수 있다는 연구가 나온 뒤로는 인식표를 사용하지 않는다. 펭귄이 언제 어떻게 짝을 맺고, 어디로 이동하는지 밝히는 것은 가장 기본적인 연구지만, 펭귄 부부를 여러 해에 걸쳐 추적하면서 장기간 이동 경로를 파악하는 것은 매우 어렵다.

✳ 물속을 나는 새

펭귄의 위치를 알아내는 가장 흔한 방법은 위성 항법 시스템(Global Positioning System, GPS)을 이용하는 것이다. 펭귄의 몸에 위성 신호를 받아들일 수 있는 수신기를 부착하면 매우 정확한 위치 정보를 알 수 있다. 하지만 GPS 장치는 전력 소모가 많기 때문에 수신기의 크기가 큰 편이며, 반드시 장치를 다시 회수해야 한다는 단점이 있다. 번식기 펭귄의 취식 영역을 알기에는 GPS가 충분했지만, 이 장치로는 펭귄이 번식을 마치고 얼마나 이동하는지 알기 힘들다.

극지연구소 김정훈 박사 연구팀에서는 2016년 11월 22일, 남극 로스 해 케이프할렛에 번식하는 아델리펭귄의 이동 경로를 알아내기 위해 총 10마리에게 아르고스 발신기를 부착했다. 흔히 아르고스 시스템(Argos System)이라 불리는 이 장치는 스스로 신호를 내보내고 이 신호를 인공위성이 수신해 저장한다. 앞서 소개한 GPS와 달리 다시 포획하지 않아도 인공위성에 수집된 정보를 분석해서 위치를 알아낼 수 있기 때문에 재포획이 힘든 동물들의 장거리 이동을 추적하는 데 많이 쓰인다.

아델리펭귄 등에 달린 장치는 45초 간격으로 인공위성에 전파를 보냈고, 실시간으로 인터넷을 통해 펭귄의 위치가 파악되었다. 10마리 가운데 8마리에서 제대로 신호가 들어왔는데, 위치 신호를 분석해 본 결과는 놀라웠다. 번식기 동안에는 둥지로부터 20~30킬로미터 떨어진 가까운 바다에서 먹이를 찾아 새끼를 키웠지만, 번식이 끝나자 바다가 얼지 않는 동쪽 방향으로 곧장 헤엄쳐 갔다. 특히 '163641' 펭귄은 약 한 달 동안 하루 평균 40킬로미터 이상을 헤엄쳐

장기간 이동을 추적하기 위해 아델리펭귄에 부착한
아르고스 발신기.

1000킬로미터가량을 이동했다.[3] 예상을 뛰어넘는 엄청난 거리였다. 하지만 안타깝게도 펭귄 깃털에 붙인 장치가 도중에 떨어지거나 기기 작동이 멈추는 바람에 2017년 2월 3일에 추적은 모두 중단되었다.

아르고스 발신기는 자동으로 신호를 보내 주어 자료를 얻기에 편리했지만, 펭귄의 몸에 오랫동안 부착하기가 힘들어 보였다. 결국 1년 동안 펭귄이 이동한 전체 경로를 알기 위해선 다른 장치가 필요했다. 최근 가장 많이 쓰이는 기계는 지오로케이터(Geolocator)이다. 빛을 감지하는 센서를 이용해 해가 뜨는 시각과 해가 지는 시각을 기록하고, 이를 계산해 대략적인 위도와 경도를 추정하는 원리를 이용한다. 10그램 미만으로 아주 크기가 작아서 펭귄의 발목에 케이블 타이로 묶어 주면 최대 3년까지도 추적이 가능하다. 2009년 프랑스 펭귄 연구자 샤를앙드레 보스트(Charles-André Bost) 박사는 처음으로 지오로케이터를 이용해 마카로니펭귄 21마리의 경로를 알아냈는데, 이들은 동쪽으로 최대 1만 킬로미터 이상을 이동하는 것으로 나타났다.[4] 이후 미국의 그랜트 밸라드(Grant Ballard) 박사의 2010년 발표에 따르면 로스 해에 번식하는 아델리펭귄은 한 해 평균 1만 3000킬로미터를 이동하며, 최대 거리는 1만 7600킬로미터에 이르는 것으로 나타났다.[5]

나 역시 펭귄의 짝짓기와 이동 행동에 관해 좀 더 자세한 연구를 하기 위해, 지오로케이터를 이용해 킹조지 섬 펭귄 마을에서 2018년 1월부터 젠투펭귄과 턱끈펭귄 60마리의 이동 경로를 추적 중이다. 아마 지금도 펭귄에 매달려 데이터를 기록하고 있을 것이다. 펭귄들이 겨우내 어디에 있다가 돌아올지 정말 궁금하다.

↘ 위즈덤이란 별칭을 가진 암컷 레이산알바트로스와 그 새끼. 촬영일인 2016년 2월 기준으로 최소 65세가 넘었을 것으로 추정된다.

12 펭귄은 얼마나 오래 살까?

       시골에서 농사를 지으시는 이모님 댁에는 매년 제비가 둥지를 튼다. 십수 년이 넘도록 한 해도 거르지 않고 찾아오는 제비가 기특하다고 하시는 이모님께, "제비는 기대 수명이 5년 정도밖에 되지 않으니[1] 같은 제비는 아닐 겁니다."라고 하지는 못했다. 제비처럼 크기가 작은 참새목(Passeriformes) 조류는 수명이 짧은 편이라 생활사가 잘 알려져 있지만, 슴새목(Procellariiformes)과 도요목(Charadriiformes) 조류는 수명이 긴 편이라 연구자들도 대상종이 얼마나 오래 사는지 잘 모르는 경우가 많다. 한 개체의 수명을 알기 위해서는 탄생부터 죽음까지 기간을 연속적으로 추적해야 하기 때문에 쉬운 일은 아니다. 게다가 조류의 사망률은 대개 첫해에 가장 높고,

부모로부터 떨어진 곳으로 분산하는 일이 많아서 같은 개체를 다시 관찰하기가 매우 어렵다. 사람과 마찬가지로 새들의 수명도 개체들마다 제각각이다. 병에 걸리거나 포식자에게 잡아먹힐 수도 있고, 불의의 사고를 당할 수도 있다. 먹이를 찾지 못하면 오랜 기간 굶주려야 하고, 먼 거리를 이동하는 과정에서 극심한 에너지 소모를 겪기도 한다. 그래서 대체로 동물원이나 사육 시설에 있는 새들은 야생에 있을 때보다 기대 수명이 길다고 알려져 있다.

펭귄의 수명에 관한 기록들

야생 펭귄이 얼마나 오래 사는지에 대한 연구는 이제까지 두 건의 기록이 남아 있다. 첫 번째 보고는 아프리카펭귄의 수명 연구다. 남아프리카공화국 연구진은 케이프타운 해안에 서식하는 아프리카펭귄을 대상으로 1971년부터 알파벳과 4자리 번호가 새겨진 금속 고리를 날개에 달아 주었다. 1979년까지 1만 4479마리의 펭귄을 관찰한 결과, 총 23마리가 20년 이상 생존한 것으로 확인됐다. 가장 오래 생존한 'P6593' 펭귄은 1972년부터 27년을 살다가 1999년 불의의 교통사고로 죽었다.[2]

두 번째 연구 결과는 오스트레일리아의 쇠푸른펭귄이다. 오스트레일리아 필립 섬(Phillip island)의 연구자들은 1968년부터 쇠푸른펭귄 4만 4000여 마리에게 밴드를 달아 주었다. 그중 1977년생 펭귄은 1998년 4월 붉은여우에게 잡아먹히기 전까지 20년을 살았다. 그리

고 1976년 펭귄은 2001년 살아 있는 채로 확인되었으니 적게 잡아도 25년 이상을 산 셈이다.[3]

내가 펭귄 연구를 시작한 지는 이제 3년 정도밖에 되지 않았기 때문에, 수명에 대한 데이터는 없다. 하지만 우연히 이전 연구자들이 남긴 흔적을 찾았다. 2014년 번식 중인 턱끈펭귄에서 회수된 금속 고리를 수소문해 보니, 현재 경희 대학교 혜정 박물관에 계시는 김도홍 박사님이 2001년 턱끈펭귄 유조에게 달아 준 것으로 보인다. 대략 14년 이상 사는 것은 확인된 셈이다.

＼ 세종 기지 펭귄 마을에서 번식 중인 턱끈펭귄. 날개에 칠레 연구진이 달아 준 금속 고리가 있다.

최고령 조류 레이산 알바트로스

가장 오래 사는 새는 무엇일까? 문헌 자료에 따르면 레이산알바트로스(Laysan albatross)가 최고령이다. 미국의 조류학자 챈들러 로빈스(Chandler Robbins)는 1956년 하와이 호놀룰루에서 서북쪽으로 약 1930킬로미터 떨어진 미드웨이 섬에서 5년생으로 추정되는 암컷 레이산알바트로스의 다리에 가락지를 달아 주었다. 그리고 46년이 지난 2002년, 로빈스는 미드웨이 섬에서 같은 새를 다시 만났다. 나이가 들었지만 여전히 건강한 모습에 '위즈덤(Wisdom)'이란 이름을 붙여 주었다. 2017년에도 66세의 위즈덤은 알을 낳아 새끼를 키운 것이 확인되었고, 98세의 로빈스 역시 현역으로 조류 연구를 하고 있다.[4][5][6]

13 젠투펭귄과 턱끈펭귄이
함께 사는 법

펭귄 마을에 사는 3000여 쌍의 턱끈펭귄과 2500여 쌍의 젠투펭귄은 같은 공간에서 번식을 한다. 선호하는 둥지 위치가 어느 정도 분리되어 있기는 하지만, 불과 1미터도 떨어지지 않은 곳에서 함께 새끼를 키우기도 한다. 두 펭귄이 살아가는 모습은 겉보기에 지극히 평화롭게 보였다. 서로 공격적으로 대하는 행동 없이 그저 각자 자기 새끼들에게 먹이를 주는 것에만 열중했다. 게다가 이 두 종의 펭귄들은 바다로 먹이 사냥을 나갈 때 종종 섞여서 다니기도 했다. 처음에는 그런 모습이 이상하게 보였다. 왜 이 둘은 서로 싸우지 않을까? 턱끈펭귄과 젠투펭귄은 남극크릴(*Euphausia superba*)이라는 먹이원을 공유하고, 비슷한 시기에 번식을 하기 때문에 생태학적

↘ 젠투펭귄 서식지와 턱끈펭귄 서식지는 나란히 붙어 있다.

으로 경쟁 관계에 있다. 만약 경쟁에서 밀리면 한쪽은 사라진다. 그럼에도 불구하고 지금껏 두 종이 지구상에 존재한다는 사실은 긴 진화의 역사 속에서 둘 사이의 타협점을 찾았다는 것을 의미한다. 턱끈펭귄과 젠투펭귄은 과연 어떤 방식으로 함께 살아가는 방법을 찾았을까?

물속을 나는 새

턱끈펭귄과 젠투펭귄의 시공간적 분리

미국의 에일린 밀러(Aileen Miller) 박사 역시 나
와 비슷한 질문을 던졌다. 연구팀은 2004년부터 4년간 킹조지 섬 어
드미럴티 만(Admiralty Bay)에 사는 턱끈펭귄과 젠투펭귄 사이의 취식
행동에 어떤 차이가 있는지 알기 위해 펭귄들에게 위성 수신기를 부
착했다. 신호에 잡힌 위치 정보를 수집한 결과, 턱끈펭귄은 만을 벗어

나 육지에서 떨어진 외해로 나가서 먹이를 찾은 반면에 젠투펭귄은 만 안쪽 지역을 돌아다녔다. 활동 시간에서도 차이를 나타냈는데, 턱끈펭귄은 낮과 밤을 가리지 않고 바다로 나갔지만 젠투펭귄은 주로 낮에만 집중적으로 먹이를 구했다. 두 종의 취식 지역과 시간이 분리되어 있다는 것이 밝혀진 것이다.[1]

일본 극지연구소의 고쿠분 박사는 2006년 겨울, 펭귄 마을에서 GPS(위성 항법 시스템)와 수심 기록계를 이용하여 두 종의 잠수 행동을 관찰했다. 그 결과, 앞서 소개한 밀러 박사의 결과와 마찬가지로 취식 영역에 차이가 나타났다. 턱끈펭귄은 번식지에서 멀리 헤엄쳐 나가서 200미터 이상 깊은 수심의 바다에서 잠수를 즐겼다. 반면 젠투펭귄은 육지에서 가깝고 수심이 얕은 저서 지역에서 시간을 보냈다.[2]

펭귄 취식지 추적

나 역시 턱끈펭귄과 젠투펭귄의 타협점을 알기 위해 2014년부터 매년 펭귄 마을에서 GPS를 달아 주고 있다. 이제까지의 결과를 보면 선행 연구와 마찬가지로 두 종이 자주 찾는 취식 장소가 다른 것으로 보인다. 2014년 12월에 관찰된 턱끈펭귄 19개체 중 15개체가 외해로 나갔으며 그 가운데 6개체는 번식지에서 약 20킬로미터 떨어진 해저 산맥이 위치한 곳에서 머물렀다. 반면 젠투펭귄은 17개체 가운데 13개체가 육지에서 가까운 맥스웰 만(Maxwell Bay)에서 취식 활동을 했다.[3] 턱끈펭귄과 젠투펭귄은 남극크릴을 사냥하는 공간을 차별화하여 종간 경쟁으로 인한 손실을 줄이는 방법을 찾은 것이다.

지구에는 수많은 생물들이 함께 살아간다. 가장 극한 환경이라고 알려진 남극해에서도 8000종이 넘는 해양 생물이 직간접적으로 관계를 맺고 있다. 그러한 상호 관계 속에서 공존하기 위해 남극의 상위 포식자인 펭귄들은 나름의 해법을 찾았다. 그것은 한 걸음 물러서서 각자의 공간을 확보하고 상대의 공간을 인정하는 것이다.

14   자연이 나를 부를 때

　　대학원생 시절, 미국 애리조나 사막에서 멕시코어치(Mexico jay)를 연구할 기회가 있었다. 멕시코어치가 사는 곳은 하루 종일 밖에 있어도 사람을 만날 일이 거의 없는 외진 사막이다. 그곳에서 하루 종일 새에게 먹이를 주고 그들의 행동을 촬영하는 일을 했다. 그중 아직 누구에게도 말한 적 없는 부끄럽지만 긴박했던 하루를 고백할까 한다.

　　그날도 여느 때와 같이 아침 일찍 토스트에 잼을 발라 먹고 사막 한가운데로 나섰다. 땅바닥에 땅콩을 뿌리고 그늘진 나무 밑에 앉았다. 그런데 갑자기 배에서 절박한 신호가 왔다. 야외 실험이 끝나려면 아직도 한참 남았다. 도저히 참을 수 없을 것 같았다. 주위를 둘러봤다. 다행히 아무도 없다. 멕시코어치 몇 마리와 도마뱀이 있을 뿐이었다. 이런 때를 대비한 것은 아니었지만, 마침 가방 속에는 작은 삽과 휴지가 있었다. 나는 나무 아래에 땅을 팠다. 깊이 팔 필요는 없었다. 간신히 15센티미터 정도를 파고 볼일을 해결했다. 그리고 흙으로 잘 덮어 두었다. 그렇게 사막에서 일을 봤다. 하늘을 올려다보니 유난히 구름이 높고 하얗게 보였다.

화장실에 가고 싶다는 표현 중 하나가 "자연이 나를 부른다.(Nature calls me.)"라고 중학생 시절 영어 시간에 배웠다. 화장실 가는 것과 자연이 부르는 것이 도대체 무슨 관련이 있다는 것인지 잘 이해되지 않았건만 어느덧 세월이 지나 자연 속에서 볼일을 보고 나니, '아, 이래서 화장실에 가야 할 상황을 자연이 나를 부른다고 표현한 것이었구나.' 싶어 무릎을 쳤다.

새들의 화장실

새들에게는 화장실이 따로 없다. 새들은 하얀 막으로 싸인 낭(fecal sac)의 형태로 담아 떨어뜨린다. (새의 분변을 'bird-dropping'이라고 칭하기도 한다.) 사람처럼 소변과 대변이 따로 구분되어 있지 않아서 한꺼번에 모아서 배출한다. 그래서 새들이 지나간 자리에는 늘 분변의 흔적이 남는다.

조류를 포함한 모든 동물들은 공통적으로 질소 노폐물(nitrogenous waste)을 잘 처리해야 하는 숙제를 안고 있다. 질소는 DNA와 같

❋ 물속을 나는 새

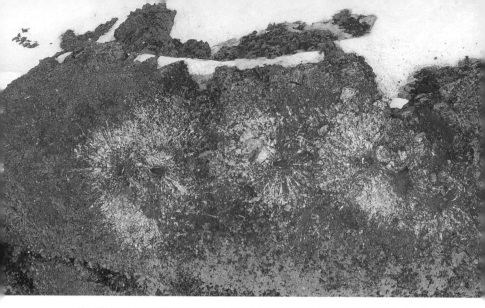

\ 하늘에서 드론으로 촬영한 펭귄 번식지. 분변으로 인해 둥지 주변에 흰색의 방사형 무늬가 생겼다.

은 유전 물질을 만드는 데 필수적인 물질이지만, 체내에서 제대로 배출되지 않고 쌓이면 독성을 띠게 된다. 포유동물은 소변을 통해 요소 (urea)의 형태로 질소를 몸밖으로 내보내지만 그만큼 수분도 함께 빠져나가기 때문에 일정량의 물을 몸에 저장하면서 꾸준히 섭취한다. 하지만 하늘을 나는 조류는 몸이 가벼워야 하기 때문에 물을 효율적으로 이용할 수 있게 적응했다. 질소 노폐물을 요소보다 2배 정도 많이 응축시켜서 요산(uric acid)으로 배출하는 것이다.

새들은 얼마나 자주 분변을 만들까? 대학로가 있는 서울 혜화역 도로변 플라타너스 가로수에서 까치를 관찰한 적이 있다. 겨울철 까치들이 한 나무에 모여서 잠을 자는 이유를 연구하기 위해 나무 아래에서 까치들의 배설물을 받았다. 배설물에 섞여 나온 까치의 상피세

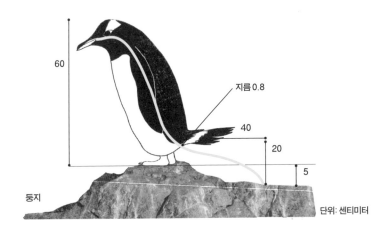

＼마이어로쇼프 박사는 몸길이 60센티미터 정도의 펭귄이 지름 8밀리미터의 항문으로 발사한 분변을 40센티미터 정도 멀리 날려 보내기 위한 압력(약 60킬로파스칼)을 계산했다.

포를 이용해 유전 정보를 추출하려는 목적이었다. 캠코더 촬영 결과 영상 속 까치들은 대략 한 시간에 한 번꼴로 분변을 배출했다.[1] 나무 한 그루에 최대 100여 마리의 까치들이 모여 있었으니, 시간당 100개의 까치 분변이 떨어진다는 계산이 나온다. (친구들은 대학원에서 도대체 뭘 배우기에 밤중에 새똥을 받으러 다니냐며 측은해했다.)

울산 태화강 주변 대숲에는 매년 겨울이면 떼까마귀와 갈까마귀 5만 마리가 찾아온다고 하는데, 이들이 만들어 내는 배설물의 양은 상상을 넘어서는 엄청난 양일 것이다. 까치와 까마귀가 비슷한 속도로 용변을 본다면 시간당 5만 개의 배설물이 나오는 셈이다. 실제로 주민들의 불만이 높아서 울산시에서 전문 청소 차량을 운영하지만

✳ 물속을 나는 새

그래도 역부족이라고 한다. 하지만 새들의 배설 행동을 나무랄 수 있을까? 모든 동물들은 살아가기 위해 '먹고', 먹은 게 있으니 '싸는' 것이 당연하다.

남극의 화장실

연구원들이 생활하는 남극 기지에는 수세식으로 된 화장실이 있다. 생활 오수는 미생물의 도움을 받아 정화한 뒤 바다로 배출한다. 그렇기 때문에 행여나 미생물의 활동을 저해할 수 있는 락스 같은 청소용 화학 물질은 사용하지 않는다. (남극의 자연을 오염시키지 않도록 정한 국가들 간의 약속이 있어서 규정을 반드시 준수한다.)

기지 시설을 제외한 야외에는 화장실이 따로 없다. 펭귄의 생태를 연구하기 위해 현장 조사를 하다 화장실에 가고 싶을 때에는 조용히 바닷가로 가서 해결하고 온다.

화장실이 없기는 다른 동물들도 마찬가지다. 한국에 사는 까치나 까마귀가 그렇듯, 남극에 사는 펭귄도 배설물 처리에 딱히 신경을 쓰는 것 같지는 않다. 새끼들을 품는 동안에는 둥지를 지켜야 하기 때문에 엉덩이를 둥지 바깥으로 내밀고 그 자리에서 '뿌지직' 소리를 내며 시원하게 배출한다. 그 모습에 영감을 받아 분변이 배출되는 물리학적인 원리에 대해 연구한 과학자도 있다. 독일의 빅토어 베노 마이어로쇼프(Victor Benno Meyer-Rochow) 박사 연구팀은 실제 펭귄이 배설을 할 때 배설물이 얼마나 강한 압력으로 얼마나 멀리 날아가는지를

↘ 새끼를 품고 있는 젠투펭귄 둥지 사진. 둥지 주변에 하얗고 검붉은 물질들이 모두 펭귄의 분변이다. 주로 남극크릴을 먹고 분변을 배출하기 때문에 붉은 남극크릴의 색이 하얀색 분변과 함께 섞여 나온다.

연구해서 2003년《폴라 바이올로지(*Polar Biology*)》에 발표했다.[2]

그 연구 결과에 따르면, 턱끈펭귄과 아델리펭귄은 항문에서 대략 60킬로파스칼의 압력으로 분비물을 발사하며 비행 거리는 40센티미터 정도라고 한다. 이 압력은 인간이 배설할 때의 힘보다 최대 8배 강한 힘이라고 한다. 마이어로쇼프 박사는 이 연구의 업적을 인정받아 재밌고 엉뚱한 학자에게 수여하는 이그 노벨상(Ig Nobel Prize)을 수상하기도 했다. (2005년 이그 노벨상 유체 역학 분야를 받은 박사는 "좁은 관에서 뿜어져 나오는 유체에 대한 중요한 연구"라고 수상 소감을 밝혔다.) 펭귄의 배설압을 표현한 논문의 그림도 꽤나 재미있어서, 독일의 한 의류 제작업자는 이 그림으로 티셔츠를 만들고 싶다며 연락했다고 한다. 그리고 마이어로쇼프 박사는 흔쾌히 허락을 해 줬다고 하니, 유럽 어딘가에서 이 티셔츠가 팔리고 있을지도 모른다.

 펭귄 번식지를 처음 방문한 사람들은 배설물 악취에 깜짝 놀란다. 이렇게 귀여운 동물이 이렇게 심한 냄새를 만든다는 사실을 쉽게 받아들이지 못하고 충격을 받아, 다시는 펭귄 둥지에 가지 않는 사람들이 많다. 하지만 이 냄새나는 펭귄 분변이 다른 어떤 동물에게는 중요한 먹이원이 된다. 하얗고 예쁜 깃털을 자랑하는 칼집부리물떼새는 생김새와는 다르게 펭귄 둥지 사이를 돌아다니며 신선한 펭귄 분변을 먹는다. 분변 속에는 미처 다 소화되지 않은 물고기나 갑각류가 들어 있기 때문에 그것을 노리는 것이다. 또한 펭귄 분비물로 만들어진

＼펭귄 모니터링 카메라에 잡힌 젠투펭귄의 분변 배출 장면.

✳

유기질 토양에서는 그 환경에 잘 적응해 살고 있는 특정 미생물이 발견되기도 한다. (세균 가운데 후벽균문(Firmicutes)이 특히 많이 보인다.[3]) 분변이 만들어 내는 유기물과 수분은 이끼와 같은 선태류들이 잘 자랄 수 있는 환경을 만든다. 그리고 펭귄 분변이 바다로 흘러 내려가는 곳 주변에는 이를 먹이로 하는 동물성 플랑크톤과 물고기가 많이 관찰된다.

이처럼 펭귄은 날마다 엄청난 양의 유기물을 바다에서 가져와 육지에 흩뿌려 주고 그 분해물이 다시 바다로 가는 순환 고리에서 중요한 다리 역할을 하고 있다. 만약 펭귄도 사람처럼 화장실을 이용한다면 미생물과 이끼뿐만 아니라 칼집부리물떼새의 모습도 볼 수 없을 것이다.

자연의 물질은 순환한다

생태계는 여러 구성원들이 복잡하고 다양한 관계를 맺으며 구성하지만, 그 안을 자세히 들여다보면 결국 하나의 물질은 고리를 이루며 순환한다. 봄이 되어 싹이 트고 꽃망울이 터지면 곤충들이 모여들고, 작은 새가 나타나 곤충을 잡아먹고, 더 큰 새가 나타나 작은 새를 잡아먹는다. 그걸로 끝이 아니다. 천적이 없을 것 같은 커다란 육식 동물들도 죽고 나면 그 시체를 먹는 곤충, 곰팡이, 미생물들의 협업으로 분해되어 식물의 좋은 비료가 된다. 그리고 다시 싹이 튼다.

인간도 생태계의 한 구성원이다. 열심히 먹고 열심히 배출하는 과

물속을 나는 새

정 속에서 물질이 옮겨간다. 지금도 많은 곳에서 작물을 재배하기 위해 인분을 비료로 사용하며, 그렇게 밭에서 키운 열매는 다시 인간의 입으로 들어간다. (이러한 일련의 과정을 틈타 특정 기생충들은 인간의 몸속에서 지내다가 배설물 속에 알을 섞어 내보내는 생활사를 만들었다.)

10년 전, 내가 애리조나 사막에서 주고 온 비료는 지금쯤 선인장이 크는 데 이바지하지 않았을지 궁금해진다.

둥지에서 알을 품고 있는 젠투펭귄.

15 그때 그 새는 나를
기억하고 있었네

반려견과 오랜 시간 함께 지냈다면 대부분 경험적으로 알 테지만, 갯과 동물들은 우리가 생각하는 것 이상의 높은 인지 능력을 지닌다. 특히 인간과 가까운 침팬지들은 훈련을 통해서 간단한 문장을 만들기도 하고 그림을 그리기도 하며, 사진을 찍는 것 같은 시각적 기억 능력(photographic memory)이 인간보다 월등히 뛰어나서 한 번 스치듯이 본 광경을 오래도록 잘 기억한다.

그렇지만 인간은 오래전부터 스스로를 만물의 영장이라고 생각해 동물과 구분하고자 노력해 왔다. 철학자 데카르트는 인간이 가진 특별함을 찾기 위해 뇌에서 솔방울샘(pineal gland)이라 불리는 작은 분비샘을 발견하고 "솔방울샘은 인간의 뇌에만 있고 다른 동물에는 없기 때문에, 이곳에 영혼이 자리한다."라고 주장했다. 하지만 얼마 지나 않아 다른 포유류뿐만 아니라 파충류에도 솔방울샘이 있다는 사실이 밝혀졌다. 생물학적으로 구분지어지는 차이점을 통해 인간의 정체성을 구하려 했지만, 도리어 인간이 다른 동물과 생물학적으로 특별히 다르지 않다는 것을 반증한 셈이었다.

도구를 사용하는 인간, 호모 하빌리스

영국의 고고학자 루이스 리키(Louis Leakey) 박사는 1959년 탄자니아 올두바이 계곡에서 주먹도끼 석기들과 함께 고인류의 두개골을 발견했다. 그는 두개골의 주인공에게 손을 쓰는 사람(handy man)을 뜻하는 학명 '호모 하빌리스(Homo babilis)'를 붙였다. 주먹도끼와 같은 도구를 만들어 썼다는 점에서 착안한 이름이었다. 그의 발견 이후, 사람들은 도구를 사용하는 것이 인간의 고유한 특징이라고 생각했다.

이즈음 리키 박사는 초기 인류의 진화를 연구하기 위해 인류 화석이 자주 발견되는 탄자니아 빅토리아 호수 인근으로 아마추어 관찰자 한 명을 파견했다. 비록 정규 대학 교육을 이수하지는 않은 20대 젊은 영국인이었지만, 그런 연유로 오히려 기존의 학문적 편견에 사로잡히지 않았을 거라고 판단했다.

관찰자는 얼마 후 놀라운 발견을 하게 된다. 바로 침팬지가 도구를 사용한다는 것이었다. 침팬지 무리 곁에서 그들의 행동을 면밀히 관찰한 결과, 풀잎 줄기를 가느다랗게 만들어 흰개미가 사는 집 구멍에 넣어서 줄기에 매달려 나온 흰개미를 꺼내어 핥아먹는 것을 보았다. 풀잎 줄기를 다듬는 침팬지의 행동은 《내셔널 지오그래픽》을 통해 세상에 널리 알려졌고, 도구는 '사람'만 사용할 것이라 믿었던 사람들에게 큰 충격을 안겨 주었다.

이 소식을 전해들은 리키 박사는 '도구'를 다시 정의하거나 '인간'을 다시 정의하지 않으면 침팬지를 인간으로 받아들여야 할지도 모르겠다는 말을 남겼다고 한다. 이런 놀라운 발견을 한 관찰자는 훗날 침팬지 연구자로 유명해진 제인 구달(Jane Goodall)이었다. 구달의 일대기를 다룬 한 평전의 부제가 "인간을 다시 정의한 여자"인데, 결코 과장된 표현이 아니다. 이때부터 사람들은 동물과 단순히 구분되지 않는 인간의 정체성에 대해 심각하게 고민하게 되었다.

도구를 사용하는 새, 까마귀

침팬지가 도구를 사용한다는 사실이 밝혀졌지만, 사람들은 여전히 "침팬지는 인간과 가까운 영장류니까 그럴 수도 있겠군." 하며 고개를 끄덕였다. 하지만 뉴질랜드의 연구자 개빈 헌트(Gavin Hunt) 박사는 영장류도 아닌 조류가 도구를 사용한다는 관찰 결과를 1996년 《네이처》에 발표한다.[1]

오스트레일리아 동쪽, 뉴질랜드 북쪽에 있는 뉴칼레도니아 섬에 사는 뉴칼레도니아까마귀가 먹이를 잡는 행동을 관찰해 보니, 나뭇

가지나 가시가 박힌 잎을 다듬어 부리가 닿지 않는 나무 구멍 속 애벌레를 꺼내 먹고 있었다. 단순히 주변에 있는 가지를 그대로 사용하는 것이 아니라, 용도에 맞게 가지를 갈고리 모양으로 변형시키고 가시 돋친 잎을 잘라 톱날처럼 이용했다.

영장류도 아닌 조류가 도구를 이용한다니! 믿기지 않는 놀라운 발견일수록 학자들의 호기심을 자극하게 마련이다. 과학자들은 까마귀를 데려다 연구실에서 키우면서 인지 능력을 테스트하기 시작했다. 케임브리지 대학교의 크리스토퍼 버드(Christopher Bird)와 네이선 에머리(Nathan Emery) 박사는 떼까마귀를 데려다 투명한 원통형 관 속에 애벌레가 담긴 바구니를 넣었다. 그리고 가늘고 긴 철사를 함께 두었는데, 떼까마귀는 곧 철사의 한쪽 끝을 구부려 갈고리의 형태를 만들고 바구니를 꺼내 애벌레를 먹는 데 성공했다.[2] 까마귀의 도구 사용에 놀란 연구진은 이솝 우화 속 「까마귀와 물병」 이야기를 실험해 보기로 한다. (목마른 까마귀가 물병 속에 돌멩이를 넣어 물이 차오르게 한 다음 물을 마셨다는 이야기가 기억날 것이다.) 우선 투명한 물병을 가져다 놓고 거기에 약간의 물을 붓고 애벌레를 수면에 띄워 두었다. 그리고 물병 주위에는 여러 개의 돌을 놓았다. 네 마리의 떼까마귀에 실험한 결과, 모두 물병에 돌을 넣고 수면을 높여 애벌레를 꺼내 먹었다. 두 마리는 단 한 번의 시도에 성공했고, 나머지 두 마리도 두 번의 시도에 성공했다. 떼까마귀 외에도 뉴칼레도니아까마귀와 어치에 대해서도 실험을 해 보았는데 마찬가지의 결과를 얻었다. 새가 물에 가라앉는 물체를 넣는다는 행동과 수면이 상승한다는 결과의 인과 관계를 통해 문

＼ 이솝 우화 「까마귀와 물병」의 한 장면. 목마른 까마귀가 물병에 작은 돌멩이들을 넣어 물이 차 오르게 한 다음 물을 마시는 이야기가 나온다.

제 해결 능력을 지니고 있다는 것을 밝힌 실험이었다.[3]

까마귓과 조류의 도구 사용과 문제 해결 능력은 어떻게 진화되었을까? 에머리 박사의 비교 연구에 따르면, 까마귓과 새들의 뛰어난 지능은 해부학적 차이에서 기인한다고 한다. 까마귀의 뇌는 몸 크기 대비 뇌의 비율이 침팬지와 비슷한 수준으로 높았고, 기억력과 사고력과 같이 고등 행동 능력을 관장하는 전뇌(forebrain)의 비율이 다른 새들과 큰 차이를 보였다.[4]

졸리언 트로시안코(Jolyon Troscianko) 박사는 뉴칼레도니아까마귀의 몸에 카메라를 달거나 나무 구멍에 영상장치를 설치했다. 녹화된 카메라 영상에 나타난 까마귀들은 두 눈이 정면을 향하고 있어서 입체적인 사물의 윤곽을 파악하기에 용이했다. 또한 앞으로 쭉 뻗은 부리는 눈으로 보면서 도구를 다듬기에 좋은 모양이었다. 이러한 결과는 뉴칼레도니아까마귀가 정교한 도구를 만들 수 있게끔 안구의 해부학적 구조가 진화되었음을 보여 준다.[5]

사람을 알아보는 새, 까치

꿀벌에서 비둘기에 이르기까지 대부분의 사육 동물들은 그리 어렵지 않게 인간을 '개체' 수준에서 구분할 줄 안다. 하지만 야생 상태의 동물이 인간을 알아본다는 것은 그리 간단한 문제가 아니다. (같은 사람들끼리도 예전에 만났던 사람을 구별하는 것은 쉽지 않다.)

분명 어려운 일이겠지만, 인간 가까이에서 오랜 세월 살아온 동물들에게는 생사가 걸린 문제일 수도 있다. 예를 들어 자기를 해치려는 '못된' 사람을 기억해 두었다가 나중에 그 사람이 다시 나타났을 때 알아차리고 미리 도망가거나 내쫓을 수 있다면 자기 목숨을 구할 수 있는 중요한 능력이 될 것이다. 반대로 자기에게 도움을 주는 '마음씨 좋은' 사람을 알아보고 접근해 정기적으로 먹이를 받아먹을 수 있다면 더할 나위 없이 특별한 생존법이 될 수 있다.

2009년 미국 플로리다 대학교의 더그 레비(Doug Levey) 박사는 교내에서 번식하고 있는 흉내지빠귀(mockingbird) 어미 새가 자기 둥지에 접근했던 사람을 구분해서 그 사람이 다시 다가왔을 때 공격 행동을 한다는 것을 처음 밝혀냈다.[6) 그리고 2010년 워싱턴 대학교의 존 마즐러프(John Marzluff) 박사는 교내에 있는 까마귀(American crow)가 사람을 얼굴 특징으로 구분한다는 실험 결과를 발표했다.[7) 까마귀를 포획할 때 쓴 마스크를 기억했다가, 나중에 그 마스크를 쓴 사람만 보면 쫓아다니면서 위협적인 행동을 보인 것이다.

앞에서 소개한 연구자들과 별도로, 비슷한 시기에 나도 까마귓과 조류인 까치를 가지고 비슷한 실험을 하고 있었다. 2008년부터 석사 학위 과정 동안 서울 대학교 관악 캠퍼스에서 번식하는 까치 둥지에 카메라를 설치하고 부모가 새끼에게 먹이를 나눠 주는 행동을 연구할 때였다. 나는 까치 둥지가 있는 나무에 올라가 15~20분씩 머물면서 카메라를 달았다. 그러는 동안 까치 부모들은 자기 새끼에게 무슨 일이라도 일어날까 봐 "깍깍"거리면서 굉장히 흥분한 상태로 울어 댔다.

그리고 며칠 뒤, 밥을 먹으러 학생 식당을 걸어가는데 까치 한 마리가 날아와 내 뒤통수를 치면서 공격했다. 까치에게 맞은 사람이 몇이나 될까? 아프기도 하면서 너무 당황스러웠다. 캠퍼스에 학생이 한두 명도 아니고, 등록된 학생 수와 교직원 숫자만 2만 8669명(2008년 기준)이나 되는 곳에서 어떻게 '이원영'을 알아봤을까?

우선 관찰 노트에 기록된 까치들의 행동 반응을 정리하면서 데이터를 분석했다. 내가 둥지에 방문한 횟수와 비례해서 까치가 공격 행

❋   15 그때 그 새는 나를 기억하고 있었네

동을 나타낼 확률은 크게 증가했다. 3~4번 뒤에는 까치들이 나를 알아차리는 것처럼 보였다. 이를 실험으로 확인해 보기 위해, 까치 둥지에 올라가지 않았던 친구를 불렀다. 나와 함께 비슷한 옷을 입고 둥지 근처에 다가간 뒤, 양 갈래로 나뉘어 천천히 걸어가면서 까치가 누굴 따라오는지 살펴봤다.

예상했던 것처럼 까치는 나만 쫓아왔다. 6개의 까치 둥지에서 테스트한 결과, 까치는 항상 둥지에 올라갔던 사람에게만 반응했다.[8] (나와 지도 교수는 크게 흥분하면서 "조류가 사람을 개체 수준에서 인지하는 것을 알아냈다!"라며 좋아했는데, 논문을 준비하는 동안 앞서 소개한 레비 박사와 마즐러프 박사의 논문이 줄지어 나오는 것을 보며 조금은 낙담했던 기억이 난다.) 2010년 《애니멀 코그니션(Animal Cognition)》에 연구 결과가 발표된 뒤 이후, 야생 동물의 사람 인지와 관련된 연구가 많이 이루어져서 지금은 갈까마귀를 비롯한 여러 조류에서 비슷한 결과가 보고되었다.

남극에서 사람을 알아보는 새, 도둑갈매기

나는 남극에서도 비슷한 실험을 했다. 이제까지 연구들은 대부분 인가 주변에서 진화해 온 동물들을 대상으로 실험한 결과였는데, 과연 사람이 전혀 살지 않았던 곳에서 사는 동물들도 인간을 구분하는 능력이 있을지 궁금했다.

2015년 1월, 남극 세종 기지 주변에 사는 갈색도둑갈매기(brown skua)를 대상으로 까치와 비슷한 방법으로 실험을 했다. 둥지에 자주

＼ 도둑갈매기 둥지에 자주 방문했던 사람(왼쪽, 한영덕)과 둥지에 가지 않았던 사람(오른쪽, 이원영)이 짝을 이뤄 실험한 결과, 도둑갈매기는 둥지에 자주 왔던 사람에게만 유독 공격적인 행동을 나타냈다.

방문했던 사람과 그렇지 않은 사람이 짝을 지어 둥지로 다가간 후, 서로 다른 방향으로 갔을 때 누구를 향해 반응할지를 기록했다. (도둑갈매기 번식 연구를 맡았던 인하 대학교 한영덕 박사 과정 학생이 새를 괴롭힌 사람 역할이었고, 나는 까치 때와는 반대로 새를 괴롭힌 적이 없는 사람 역할이었다.)

　7개 둥지에서 실험을 했는데, 예상대로 도둑갈매기는 둥지를 자주 찾은 사람(한영덕)을 공격했다. 비슷한 옷을 입고 실험했는데도 사람을 구분한 것으로 보아, 아무래도 사람 얼굴을 통해 시각적으로 알아본 것이 아닐까 생각된다. (남극처럼 바람이 강한 지역에서 사람에게서 나는 냄새(후각적인 신호)를 이용했을 가능성은 적어 보인다.)[9] 남극에 사는 야생 조류가 사람을 개체 단위에서 구별할 수 있다는 보고는 이번이 처음이라서, 2016년 발표 후 많은 언론의 주목을 받았다. 사람이 거의 없는 남극에서 오랜 기간 살아 온 도둑갈매기가 어떻게 사람을 구분할 수 있었을까?

아직 정확한 메커니즘은 알지 못하지만, 도둑갈매기가 기본적으로 뛰어난 수준의 인지 능력을 보유하고 있었기 때문인 것 같다. 이전에 보고된 바에 따르면, 갈색도둑갈매기는 다른 새들의 먹이를 잘 빼앗아 먹는다. 심지어 남방코끼리물범 새끼를 자극해 모유를 뱉어 내게 해서 그것을 먹기도 한다. 동물 행동학에서는 이런 행동을 절취 기생이라고 부르는데, 이는 인지력이 뛰어난 동물들에서 주로 관찰된다.[10]

펭귄도 사람을 알아볼까?

펭귄에게 위치 추적기나 수심 기록계를 부착하는 연구를 진행하기 위해서는 반드시 포획을 해야 한다. 원격으로 장치를 붙이고 데이터를 받을 수 있는 기기도 있기는 하지만, 대부분의 기기들은 직접 동물의 몸에 설치하고 일정 기간이 지난 뒤 회수해야 데이터를 얻을 수 있다. 또한 일회용 장비가 아닌 경우 기기를 충전

물속을 나는 새

해서 다시 사용해야 하기 때문에, 같은 개체를 두 번 이상 포획해야 한다.

일반적으로 남극의 동물들은 인간에 대한 경계심이 매우 낮은 편이다. 오랜 진화의 역사 동안 인간을 경험해 본 적이 없기 때문일 것이다. 또한 남극에는 북극곰 같은 육상 포식자가 없기 때문에 물범과 펭귄은 마음 편히 눈 위에서 낮잠을 자기도 한다. 그 덕택에 연구자들도 일하기에 한결 수월하다. 살금살금 걸어가서 커다란 잠자리채로 낚아채기만 하면 원하는 펭귄을 얼마든지 잡을 수 있다. 특히 번식기에는 둥지에 꼼짝하지 않고 앉아 있기 때문에 고깔 모양의 천으로 얼굴을 가리고 양손으로 슬쩍 들어 올리면 끝이다.

하지만 2015년에 만났던 젠투펭귄 G11B('gentoo'의 'G', 11번째로 잡혀서 '11', 검은색 테이프로 표시했기 때문에 'black'의 'B')는 달랐다. 다른 펭귄들처럼 붙잡아 수심 기록계를 달아 주고 일주일 뒤에 회수를 위해 둥지에 갔는데 모습이 보이지 않았다. 처음에는 죽었거나 실종이 되었나 싶었는데, 분명 새끼는 건강히 잘 자라고 있었다. 보름의 시간이 지나자 조급해졌다. 번식기가 끝나고 나면 장비와 데이터를 함께 잃어버릴 수도 있다. 펭귄이 자주 다니는 언덕에서 기다렸다. 눈 위를 걸어서 올라오던 녀석은 길목에서 나와 마주쳤다. 순간 녀석은 뒤를 돌아 달리기 시작했다. 나도 함께 달렸다. 잠자리채를 들고 정신없이 눈밭을 뛰었지만 녀석은 나보다 빨랐다. G11B는 다시 바닷속으로 헤엄쳐 달아났고, 나는 망연자실 바다만 바라봤다.

그 후 녀석의 조심성은 더욱 강화되었다. 다음에 만났을 때에는 이미 100여 미터 밖에서 나의 존재를 알아차리고는 순식간에 사라졌다. 어느덧 장비를 부착한 지 3주가 지났고 녀석을 잡을 수 있는 방법은 없을 것 같았다. 나는 펭귄 번식지에 간 적이 없는 동료 연구자에게 부탁했다. 모든 인간에게 예민하게 반응하는 것이 아니라, 자기를 괴롭혔던 특정 사람(나)만 싫어한다면 다른 사람이 갔을 때에는 다르게 반응하리라 생각했다. 다행히도 내 예상이 들어맞았다. 이야기를 들어보니 G11B는 나에게 하던 것과는 달리 느슨히 경계심을 풀고 둥지 근처에 누워 있었다고 한다. 비록 직접 잡지는 못했지만, 동료의 도움을 받아 수심 기록계와 데이터를 무사히 회수할 수 있었다.

펭귄은 사람을 알아보는 것일까? 속단하기는 이르지만 적어도 G11B는 나와 내 동료를 구분했던 것 같다. 펭귄의 인지 능력을 확인하기 위해, 그웰프 대학교 행크 데이비스(Hank Davies) 교수 연구팀은 뉴욕 센트럴파크 동물원에 있는 젠투펭귄 27마리를 대상으로 테스트를 해 봤다. 매일 2시간 이상 사육 시설에서 함께 시간을 보낸 '익숙한 사람'과 처음 시설에 온 '새로운 사람'을 보여 주자, 펭귄들은 대부분 익숙한 사람이 있는 곳으로 갔다.[11]

겉모습 때문에 종종 멍청하다고 오해를 사기도 하지만, 펭귄도 그렇게 어리숙하지는 않다. 자기를 괴롭혔던 인간을 피해 도망갈 줄도 알고, 자기에게 먹이를 주는 사육사는 쉽게 구분해 낼 줄도 안다.

새의 지능과 인지에 관해 아직 과학자들이 이해하지 못하고 있는 것들이 훨씬 많다. 그동안 그들에 대해 무지했기 때문에 무시했던 것들을 이제야 조금씩 엿보고 알아 가는 단계이다. 앞으로 어떤 연구 결과가 우리를 깜짝 놀라게 할까? 머지않아 동물의 사고 체계와 의사 소통의 비밀이 밝혀질 것으로 기대한다.

↘ 턱끈펭귄.

조용한 눈맞춤

펭귄은 대개 물속에서 생활을 하지만 번식기에는 육지로 올라와 둥지를 만들고 새끼를 키운다. 뭍에서 걷는 모습을 보면 뒤뚱거리는 게 어딘가 불안해 보이지만 능수능란하게 잘 뛰어다니는 편이다. 바위를 통통 뛰어다니는 모습 때문에 턱끈펭귄의 친척 중에는 '바위뛰기펭귄'이라는 이름이 붙어 있기도 하다. 하지만 가끔 미끄러운 눈 위를 뛰어다니다가 넘어지는 경우가 있다. 행여 바위에 몸을 부딪치면 피부가 찢어지는 상처를 입는다. 또한 간혹 바위틈에 빠져 조난을 당하는 사고를 당하기도 한다. 안타까운 일이지만 누군가 도와주지 않으면 이런 일로 목숨을 잃게 되기도 한다.

턱끈펭귄과의 교감

2016년 1월, 남극 세종 기지 인근 펭귄 마을에서 야외 조사를 하던 중에 바위틈에 빠져 있는 턱끈펭귄 한 마리를 발견했다. 턱끈펭귄의 번식지에는 커다란 바위들이 많은데 그 사이를 지나던 펭귄 한 마리가 틈에 빠지는 사고를 당한 모양이었다. 검은 바위의 틈 사이로 분홍빛 펭귄의 다리가 하늘로 향한 채 거꾸로 박혀 미동조차 하지 않았다. 처음에는 죽은 줄로만 알았다. 조심스레 다가가 자세히 살펴보니, 가슴 부위가 규칙적으로 움직이면서 숨을 쉬고 있는 것처럼 보였다. 그래서 재빨리 펭귄의 다리를 두 손으로 잡고 바위틈에서 꺼내 땅 위로 올려 주었다. 보통 야생의 턱끈펭귄을 잡으면 날개를 퍼덕이며 엄청난 힘으로 몸부림을 치며 반응한다. 날카로운 부리로 물어뜯으며 공격하기 때문에 두꺼운 방한복을 입고 있어도 연구자의 몸 여기저기에 상처가 생길 정도다.

하지만 이번에는 조금 달랐다. 마치 자기를 구해 주는 것을 알고 있는 듯, 가만히 몸을 맡기고는 내가 꺼내어 일으켜 세워 줄 때까지 얌전히 있었다. 그렇게 눈 위에 바로 선 펭귄은 가만히 서서 나를 한참 바라보았다. 다행히도 몸이 다치거나 탈진을 한 것 같진 않았다. 그렇게 2~3분 동안 선 채로 나를 보다가, 인사를 하듯 눈을 맞추고 뒤돌아 천천히 걸어갔다.

그렇게 펭귄은 건강한 모습으로 무리 속으로 사라졌고 한동안 나는 멍하니 뒷모습을 바라보았다. 한동안 그 펭귄의 뒷모습이 긴 여운으로 남았다. 뭐라 정확히 표현하기는 힘들지만, 펭귄과 마음을 나눈 것 같은 기분이 들어 펭귄을 떠올리면 전에 없던 특별함이 내 마음에 새겨졌다.

브라질의 마젤란펭귄, 딘딤

2016년 3월 해외 뉴스에서는 브라질 해변 마을에 주앙이라는 이름의 할아버지와 마젤란펭귄(Magellanic penguin, *Spheniscus magellanicus*)의 사연이 소개된 적이 있다. 5년 전인 2011년, 기름에 덮인 채 해변에서 굶주리고 있는 펭귄 한 마리를 본 할아버지가 이 펭귄을 데려다가 닦이고 먹이며 한동안 돌봐주었는데 그 이후로 해마다 이 펭귄이 할아버지를 찾아온다는 이야기였다.[1] 무리 생

↘ 바위틈에서 구조된 뒤 한동안 나를 빤히 바라보던 턱끈펭귄.

✹ 16 조용한 눈맞춤

활을 하는 마젤란펭귄이 특정 사람과 장소에 매번 찾아온다는 것은 정말 믿기 힘든 일이었다.

주앙 할아버지는 자신을 잊지 않고 찾아와 준 펭귄에게 '딘딤 (Dindim)'이라 이름 붙이고 함께 시간을 보냈다고 한다. 물론 이 이야기가 모두 사실인지에 관해 의문을 제기하는 사람들도 있다. 하지만 야생의 펭귄이 인간과 어느 정도 교감할 수 있다는 것을 보여 준 일화가 아닌가 생각된다.

은혜 갚은 동물들

우리나라에는 은혜 갚은 동물 이야기들이 전해 내려온다. 새끼들의 목숨을 구해 준 선비를 구해준 까치, 목에 걸린 동물 뼈를 빼 준 나무꾼을 도와준 호랑이, 부러진 다리를 고쳐 준 흥부에게 박씨를 물어다 준 제비, 술 취한 주인을 구한 오수의 개 이야기까지, 언뜻 떠오르는 이야기만 해도 꽤 많다. 오랜 시간 동안 사람들을 통해 전래되는 이야기에는 분명 픽션이 더해지기 마련이지만, 인간과 동물이 맺어 온 관계가 바탕이 되었을 것이다.

펭귄 딘딤과 주앙 할아버지의 이야기처럼, 최근 인터넷을 통해 영상과 사진으로 뒷받침되는 은혜 갚은 동물에 관한 일화들이 꽤 많다. 2016년 8월 영국《미러(Mirror)》기사를 통해 멕시코의 동물 보호소에서 한 호랑이가 사육사를 구하기 위해 그에게 돌진하는 표범을 저지했다는 이야기가 전해졌다.[2] 또한 2004년《가디언(The Guardian)》

기사에는, 뉴질랜드에서 수영을 하던 사람들이 백상아리의 공격을 당할 위기에 처하자 돌고래 무리가 와서 지켜 줬다는 이야기가 보도 되기도 했다.[3] 이런 이야기들 역시 어디까지가 사실인지 정확히 알 길은 없다. 다만 이런 소식들이 세계 곳곳에서 꾸준히 전해지고 관심을 끈다는 것은 사람과 동물의 교감에 대한 우리의 관심을 방증하는 것은 아닐까?

종을 뛰어 넘어 서로 도움을 주고받는 일은 동물의 세계에서 흔한 일이다. 포식자가 언제 나타날지 모르는 상황에서는 더욱 그렇다. 흰눈썹굴뚝새(white-browed scrubwren)와 요정굴뚝새(superb fairy-wren)는 포식자의 등장을 먼저 발견하는 쪽이 내는 경고음을 듣고 위험을 감지한다.[4] 마다가스카르에 사는 영장류인 여우원숭이(lemur)와 시파카(sifaka) 역시 서로 경고음을 공유하며 포식자를 피한다.[5]

먹이를 찾기 위해 여러 종이 모여 함께 다니는 일도 자주 관찰된다. 영국 위덤 숲(Wytham Wood)에 사는 박새(great tit), 쇠박새(marsh tit), 푸른박새(blue tit) 등은 비번식기에는 서로 사회적 관계망(social network)을 형성하면서 먹이에 대한 정보를 주고받는다.[6] 겨울철에는 먹이를 구하기 힘들기 때문에, 여러 종이 모여 무리를 형성하고 먹이 위치를 알려 주는 것이다. 같은 공간에서 살아가는 야생 동물들은 이렇듯 종에 구분 없이 서로 도와가며 살아간다.

인간과 개의 관계도 이처럼 호혜적으로 시작되었을 것이다. 인간이 모여 사는 곳 주변을 맴돌며 먹을 것을 구했던 야생 늑대의 무리 중 일부가 현재 개의 조상이 되었고, 대략 1만 4000년 전부터 인간과

개는 함께 지냈다.[7] 인간 역시 그들과 함께 지내며 주거지의 안전도 도모하고 필요 시 사냥에도 이용하며 개를 친구로 삼기 시작했다. 인간보다 훨씬 뛰어난 후각과 청각을 가진 개들은 인간의 삶에도 큰 도움을 주었다. 특히 알래스카와 같은 극한 환경에 사는 원주민들에게는 생존을 위해 필요한 반려 동물이었을 것이다.[8] 인류의 역사 속에서, 개는 단순한 사육 동물이 아니라 인간에게 영향을 주는 존재로서 인간과 관계를 맺으며 살아왔다는 표현이 더 맞을 것 같다. 어쩌면 호모 사피엔스와 다른 동물들 사이에서는 우리가 생각하는 것보다 훨씬 더 끈끈하고 돈독한 교감이 이뤄지고 있을지도 모른다.

17　스트레스 받는 펭귄

　　세상의 때가 묻지 않은 듯한 맑은 눈동자로 파란 하늘을 응시하며, 매끈한 곡선의 유선형 몸체로 하얀 얼음 위를 걷는 동물! 펭귄을 떠올릴 때 흔히 머릿속에 그려지는 이미지다. 이렇게 귀여운 모습의 동물을 어떻게 사랑하지 않을 수 있을까? 나는 여태껏 펭귄을 싫어하는 사람을 보지 못했다. 심지어 조류 공포증(Ornithophobia) 때문에 새만 보면 기겁을 하는 사람들도 펭귄만은 예외로 했다. (펭귄이 조류가 아니라 포유류라고 착각하는 경우가 많았다.) 게다가 펭귄은 지구 온난화로 인해 사라져 가는 남극의 야생을 대표하며, 많은 사람의 관심 속에 만화 영화나 캐릭터 주인공으로도 사랑받는다.

　　그런데 사람이 펭귄을 좋아하는 만큼 펭귄도 사람을 좋아할까?

직접 펭귄에게 물어보고 확인할 순 없지만, 펭귄은 사람을 그리 좋아하지 않을 것 같다. 오히려 '싫어한다.'에 가까울 것이다. 펭귄 입장에서 보면 당연한 이야기일지 모른다. 직접 사냥을 하거나 해를 끼치지 않더라도, 새끼를 키우고 있는데 근처로 다가와 사진을 찍고 만지려고 하는 존재를 달가워할 리 없다. 연구자들의 관찰에 따르면 펭귄들은 인간의 방해(human disturbance)로 인해 심한 생리적 영향을 받아 번식이 저하됐으며 장기간 반복된 노출에 따른 습관화(habituation)된 행동을 나타냈다.

펭귄은 떨고 있다

뉴질랜드의 어슐러 엘렌버그(Ursula Ellenberg) 박사와 동료 연구자들은 인간의 접근에 대한 펭귄의 반응을 알아보기 위해 펭귄에게 실험적으로 스트레스를 주고 그 행동과 생리적 변화를 측정했다. 연구진은 2003년 뉴질랜드 스네어스 섬(Snares Islands)에 사는 스네어스펭귄(Snares Penguin, *Eudyptes robustus*) 둥지에 심장 박동을 잴 수 있는 기기가 들어 있는 가짜 알을 넣어 두고 그 반응을 살폈다.

스네어스펭귄들의 심장 박동은 같은 펭귄이나 갈매기가 지나갈 때에는 조금 증가하다가 금세 정상으로 돌아왔다. 하지만 인간이 둥지에 접근했을 때에는 심장 박동이 최고 80~100비피엠(bpm, 분당 박동 수) 가까이 증가했으며, 회복되는 데 200~300초가 걸렸다. 겉보기에

╲ 뉴질랜드 오타고 해변에서 번식하는 노란눈펭귄. 많은 사람들이 펭귄을 보기 위해 이곳을 찾는다.

스네어스펭귄은 인간에게 공격적인 행동을 보이지 않은 채 태연해 보였지만, 실제로는 심장이 빠르게 뛰면서 긴장하고 있었던 것이다. 또한 심장 박동이 증가할 때에는 날개를 미세하게 떠는 모습도 함께 관찰되었다. 특히 이런 경향은 1년 전 인간의 접근을 경험했던 개체들에서 높게 나타났다. 이 실험을 통해 스네어스펭귄들은 인간이 다가왔을 때 심장이 빠르게 뛰는 등의 생리적인 변화를 겪으며, 인간과의 접촉을 오랜 기간 기억하고 있었음을 알 수 있다.[1]

엘렌버그 박사는 2005년에는 뉴질랜드 노란눈펭귄의 번식 성공률과 혈액을 조사했다. 인간의 방해에 의해 노란눈펭귄들이 얼마나 큰 영향을 받고 있는지 비교하기 위해 한 달에 관광객이 3800명 들어오는 오타고 해변의 개체군과 인간의 출입이 특별히 제한된 그린 섬(Green Island)의 개체군을 골랐다. 그리고 두 지역에서 펭귄 혈액을 뽑아 스트레스 호르몬의 일종인 코르티코스테론(stress-induced corticosterone)의 농도를 측정했다.

결과는 예상했던 것처럼 인간의 영향을 자주 받는 오타고 해변의 노란눈펭귄들이 그린 섬의 펭귄들에 비해 평균 53퍼센트 높은 코르티코이드 수치를 나타냈다. 번식률 역시 두 지역에서 큰 차이가 있었다. 오타고의 펭귄들은 평균 0.75마리의 새끼를 키워 냈지만 그린 섬에서는 그 두 배에 가까운 1.39마리의 새끼가 나왔다. 인간이 주는 스트레스가 궁극적으로 노란눈펭귄의 번식에 심각한 영향을 주고 있다는 결과였다.[2]

반복된 노출에 습관화된 젠투펭귄

앞서 소개한 스네어스펭귄과 노란눈펭귄의 결과에 비해, 젠투펭귄들은 인간에 노출되는 일이 잦아지면서 그런 환경에 습관화된 반응을 보였다. 오스트레일리아의 닉 홈스(Nick Holmes) 박사 연구진은 2002년 오스트레일리아령 무인도 맥쿼리 섬(Macquarie Island)에 있는 젠투펭귄들의 행동 반응을 측정했다. 연구진은 인간의 영향을 파악하기 위해 연구자들이 머무는 연구 기지 주변에 있는 펭귄들과 그곳에서 멀리 떨어진 지역에 있는 펭귄들의 반

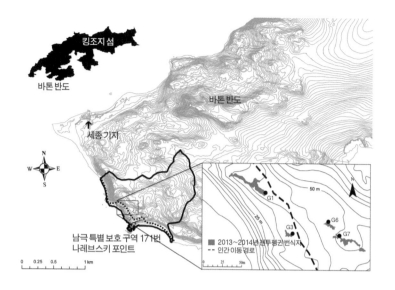

＼ 남극 사우스서틀랜드 군도 킹조지 섬 펭귄 번식지 내에 사람들이 다니는 길(점선으로 표시)과 인근에 있는 젠투펭귄 번식지 4곳(길에서 가까운 G1, G3, 길에서 멀리 떨어진 G6, G7)의 지도.

응과 번식 성공률을 비교했다.

측정 결과를 종합해 보니, 인간 활동이 적은 지역에 사는 젠투펭귄들은 인간 활동이 많은 기지 인근의 펭귄들에 비해 더욱 공격적인 반응을 보였다. 인간에 자주 노출된 곳에 사는 젠투펭귄들은 상대적으로 인간들에 익숙해져서 둥지 곁을 지나는 인간에게 무심하게 반응한 것으로 보였다. 또한 두 지역의 번식 성공률을 비교해 보니 인간의 활동과는 관련이 없는 것으로 나타났다.[3]

세종 기지 인근 펭귄 마을에 사는 젠투펭귄들도 인간에게 자주 노출된다. 펭귄 번식지는 2009년에 남극 특별 보호 구역 171번으로 지

　✳　17 스트레스 받는 펭귄

정되어 이곳에는 허가를 받은 사람만 들어갈 수 있지만 여전히 2~9명으로 이뤄진 연구진이 하루 평균 2~3개 그룹을 이루어 지나다닌다.

보호 구역 내에 있는 펭귄들도 인간 접근에 습관화되어 있는지 확인하기 위해, 사람들이 펭귄 번식지를 지나갈 때 늘상 걸어다니는 길 가까이에 있는 개체들과 길에서 멀리 떨어져 있는 개체들을 비교했다. 우리 연구진은 인도에서 불과 10미터 정도 떨어져 있는 2곳(G1, G3)과 인도에서 언덕을 넘어 50미터가량 떨어져 있어 사람이 지나가도 잘 보이지 않는 2곳(G6, G7)을 정하고, 사람이 천천히 걸어갔을 때의 반응을 캠코더로 찍어 녹화했다.

총 123마리 젠투펭귄들의 반응을 분석한 결과, 인도 가까운 곳에 있는 펭귄들은 고개를 드는 정도로 약한 반응을 보이거나 둥지를 피했다가 사람이 지나가면 다시 제자리로 돌아왔다. 반면 인도에서 멀리 떨어진 곳의 펭귄들은 부리로 사람을 공격하려는 경향이 강했다. 펭귄 마을의 젠투펭귄도 맥쿼리 섬의 펭귄들처럼 반복된 인간의 출현에 습관화되어 행동 반응이 약해진 결과로 생각된다.[4]

생태 관광의 그림자

펭귄과 인간의 관계는 그리 오래되지 않았다. 까치나 제비처럼 사람들이 사는 곳 부근에서 오랜 기간 함께해 온 동물들도 있지만, 펭귄은 사람들이 사는 곳에서 멀리 떨어진 곳에서 살아왔다. 하지만 남극과 인근 지역에 대한 접근이 쉬워지면서 펭귄들

　✳

은 최근 인간의 잦은 방문을 받고 있다. 이런 변화에 대해 습관화된 반응을 보이는 펭귄도 있지만, 심한 스트레스로 인해 새끼를 제대로 키우지 못하는 펭귄들도 있다.

환경 보호와 생물 보존에 관심이 높아진 요즘, 사람들은 생태 관광(ecotourism)이라는 그럴듯한 이름으로 동물들을 관광 상품화한다. 남극도 예외가 아니라서 펭귄 마을에서 야외 조사를 하다 보면 바다 멀리에서 관광객들을 실은 크루즈선이 지나는 광경을 종종 볼 수 있다. 펭귄을 좋아하다 보니 직접 보고 싶은 마음은 이해하지만, 짝사랑도 지나치면 상대를 괴롭힐 수 있다는 사실을 알았으면 한다. 글을 쓰면서 나도 역시 연구라는 명목으로 펭귄들을 힘들게 하지는 않았는지 곰곰이 생각했다. 연구자라는 본분을 잊고 관광객의 마음으로 펭귄에게 다가가지는 않았는지 되돌아보며 깊이 반성했다.

↘ 남극 마리안 소만(Marian Cove).

18

남극의 메뚜기 효과

학자들은 분야별로 다양한 영어 줄임말을 사용한다. 예를 들어 생물학에서는 '중합 효소 연쇄 반응'이라는 용어를 가리켜 흔히 '피시아르(PCR)'라고 부른다. 원래 전체 단어를 부르기에 너무 길고 불편하기 때문이기도 하지만, 관습적으로 써오다 보니 자연스레 줄임말로 부르는 게 굳어진 것이다. 내가 공부하고 있는 생태학 분야에서도 마찬가지라서 우리끼리 쓰는 용어들이 있다.

"너 이번에 '트리(TREE)'에 나온 그 논문 봤어?"

"응, 그거 '지엘엠(GLM)'을 어떻게 써야 하는지 잘 정리한 연구인 것 같아."

'트리'는 나무가 아니라 저널《트렌드 인 에콜로지 앤드 에볼루션

(*Trends in Ecology and Evolution*)》의 줄임말이고, 지엘엠은 통계에서 '일반화 선형 모형(Generalized Linear Model)'을 뜻한다. 처음 '팝스(POPs)'라는 말을 들었을 때에도 비슷한 느낌이었다. 얼마 전 내가 연구하고 있는 펭귄과 도둑갈매기에서 팝스를 검출했다는 논문에 대해 처음 듣고는, 팝스에 대해 전혀 몰라 무슨 말인지 이해하지 못했다.

침묵의 봄

잔류성 유기 오염 물질의 특성과 연구 배경에 대해 잘 알고 있지 못했기 때문에 논문을 읽어도 쉽게 이해하지 못했다. 펭귄과 도둑갈매기의 팝스 물질에 관한 논문을 쓴 김준태 박사를 만날 기회가 있어서 붙잡고 이것저것 질문을 던졌다. 그는 친절히 설명해 주면서 나에게 레이첼 카슨(Rachel Carson)의 『침묵의 봄(*Silent Spring*)』을 읽기를 권했다. 오래된 고전이지만 침묵의 봄을 알아야 팝스를 제대로 이해할 수 있다는 것이었다. 그래서 나는 『침묵의 봄』을 읽고 책에 푹 빠져 평전도 찾아보게 되었다.

"호수의 풀들은 시들고 새들은 더 이상 노래하지 않네."

1962년 카슨은 영국의 시인 존 키츠의 시 구절에서 착안한 『침묵의 봄』을 발표했다. '침묵의 봄'이란 제목은 과도한 살충제 사용으로 곤충과 새가 사라져 봄이 와도 더 이상 새들의 울음소리를 들을 수 없는 세상을 은유적으로 나타낸 것이다.

당시 살충제 디디티(DDT, Dichloro-Diphenyl-Trichloroethane)는 싼

값에 해충을 박멸할 수 있는 물질로 각광받으며 거리낌 없이 살포되고 있었다. 곤충의 신경계를 마비시키는 효과가 있지만 냄새가 없고 인체에는 독성이 적다고 알려지면서, 제2차 세계 대전과 한국 전쟁 중 말라리아처럼 곤충이 옮기는 질병을 막기 위해 군에서도 널리 사용되었다. DDT의 살충 효과를 처음 발견한 스위스 화학자 파울 헤르만 뮐러(Paul Herman Müller)는 그 공로로 1948년 노벨 생리학상을 받았다.

미국 정부는 모기나 불개미 같은 해충을 박멸한다는 목적으로 숲과 농지에 화학 살충제를 살포했는데, 그로 인해 나타날 수 있는 환경적인 영향에 관해서는 관심을 기울이지 않았다. 점차 그 피해들이 생겨나기 시작했고, 과학자들은 생태계 내에서 인간을 포함한 어류, 조류, 포유류 등의 포식자들에게 그 잔류물이 축적되어 생겨날 수 있는 피해 가능성을 연구하기 시작했다.

카슨은 실험실에서 연구를 하는 과학자도 아니었고, 박사 학위를 받은 것도 아니었다. 하지만 다양한 인적 네트워크를 통해 학자들의 연구 결과 사례들을 모아 분석했고, 과학적 근거를 바탕으로 생태계와 인간에 끼칠 수 있는 살충제 남용의 위험성을 경고하는 글을 썼다. 《뉴요커(New Yorker)》에 글의 일부가 실리고 뒤이어 『침묵의 봄』이 출간되면서 곧 베스트셀러가 됐고 사회적으로 반향을 일으켰다. 이후 살충제를 만드는 기업들에서는 카슨을 반박하는 글을 배포했고, 대중들은 환경 오염을 실제적인 위험으로 인식하고 적극적으로 문제 제기를 하기 시작했다.[1]

침묵의 봄 이후, 잔류성 유기 오염 물질

『침묵의 봄』이 발표되었을 때 《뉴욕 타임스》의 사설은 "DDT를 개발한 사람과 마찬가지로 노벨상을 받아야 마땅할 것"이라며 카슨을 응원했다. 실제로『침묵의 봄』이후 환경 문제의 심각성이 대두하면서 환경 운동이 본격화되었고, 환경이 개발 대상이 아닌 당연히 지키고 보호해야 할 터전이라는 인식이 확산했다. 미국 의회에서는 야생 보호법과 환경 정책법이 통과되었고, 1970년에는 4월 22일을 '지구의 날(Earth day)'로 지정하는 행사가 열리면서 환경 운동의 기점이 되었다. 드디어 1972년 미국에서는 DDT의 사용을 규제했으며 1975년에는 유기 염소계 농약을 금지했다.[2]

한편 과학자들은 DDT가 끼칠 수 있는 영향에 관해 꾸준히 연구 결과를 발표했다. 특히 디엘드린(Dieldrin)과 DDT가 '생물 농축'으로서, 먹이 사슬 윗단계 맹금류에게 축적되어 알껍데기가 얇아지고, 이로 인해 번식 성공률이 급격하게 감소한다는 연구 보고는 생태계 상위 포식자의 실질적인 피해를 입증한 사례로 널리 알려졌다.[3] 최근에는 야생 동물에 끼치는 영향 외에도 인체에 미칠 수 있는 여러 만성적 질병 가능성도 밝혀지고 있다.

그렇게 DDT를 포함한 유기 염소계 살충제는 미국 내에서 금지되었다. 하지만 정작 살충제 사용량은 점점 증가했고 환경 오염 문제는 더 심각해졌다. 미국 농약 회사들은 자국 내 판매가 금지되자 해외에 수출하는 방법을 쓰기도 했으며, 법망에 걸리지 않는 더 해로운 유기 인계 살충제로 대체해 나갔다.

베트남전에 사용된 제초제의 부산물인 다이옥신(dioxine)은 태아 독성 및 발암성을 지닌 것으로 드러났고 많은 인명 피해를 남겼다. 이에 따라 사람들은 한두 가지 오염 물질을 금지한다고 해서 환경 문제가 나아지지 않는다는 것을 경험적으로 알게 되었다.

그리고 환경에서 오래 남아 인체에 유해한 유기 오염 물질을 특별히 '잔류성 유기 오염 물질(persistent organic pollutions, POPs)'이라 이름을 붙이고 관리를 하기 시작했다. 유엔 환경 계획(United Nations Environment Programme, UNEP)에서는 다음과 같은 4가지 특성으로 잔류성 유기 오염 물질을 정의하고 있다.

첫 번째는 '위해성(harmfulness)'이다. 인간을 비롯해 야생 동물에게 높은 수준의 독성을 나타내고 그 잠재적 가능성이 보고된 물질이다. 이 물질들은 암을 유발하기도 하며 신경계과 면역계에 영향을 끼쳐 만성 질환을 일으키기도 한다. 두 번째는 '잔류성(persistency)'이다. 쉽게 분해되지 않고 독성이 있는 상태로 수년간 환경 속에서 지속성을 나타내는 물질이다. 세 번째는 '생물 농축성(bio-acculumation)'이다. 생태계 먹이 사슬을 따라 물질 농도가 점차 증가하면서 상위 단계에 있는 동물에 축적되는 물질이다. 네 번째는 '장거리 이동성(long-range transport)'이다. 물과 공기의 흐름을 따라 먼 거리를 이동하면서 세계 곳곳에서 검출되는 물질이다.

이런 오염 물질들은 대기와 해류를 따라 전 지구적으로 영향을 끼치며 인체에 영향을 끼치기 때문에 한 국가의 노력으로는 해결되지 않는다. 여러 국가들 간의 협약과 규제가 동시에 진행되어야 효과를 거둘 수 있다. 다행히도 이 물질들의 위험성과 해악에 대한 인식이 공유되었고, 시간이 오래 걸리기는 했지만 2001년 '잔류성 유기 오염 물질에 관한 스톡홀름 협약'이 152개국의 서명으로 체결되어 오염 물질들을 국제적으로 규제하기 시작했다. DDT를 포함한 위험한 12가지 물질의 사용이 제한되었고, 2016년 현재 총 26가지 물질이 잔류성 유기 오염 물질의 목록에 올라 있다. 추가적으로 위험한 후보 물질들이 검토됨에 따라 각 후보군에 대한 생물 농축성과 인체 독성에 대한 면밀한 조사가 필요하게 되었으며, 사용 제한이 된 물질들을 대체할 수 있는 물질에 대한 연구가 필요하게 되었다.

메뚜기 효과와 저온 동결 효과

남극은 청정 지역이다. 남극은 인간 활동이 제한된 곳이기 때문에 가축을 키우거나 농사를 짓지도 않고, 공장도 없다. 인위적인 인간의 농업이나 공업 활동이 없다 보니, 각종 화학 물질들도 발생하지 않는다. 나는 뿌옇게 흐린 날 아침이면 미세 먼지 농도와 오존 농도를 확인하곤 했다. 하지만 남극에서는 그런 걱정 없이 공기를 마음껏 들이켰고, 마치 폐와 혈관이 정화되어 몸이 맑아지는 기분을 느끼기도 했다. 추워서 힘들겠지만, 물 맑고 공기 좋은 곳에서 평생을 사는 동물들이 부럽다는 생각도 들었다.

그런데 학계에 보고된 연구 결과들을 보면 남극에 사는 동물들도 오염 물질에서 그리 자유롭지는 못하다. 남극은 오염 물질이 만들어

❋ 물속을 나는 새

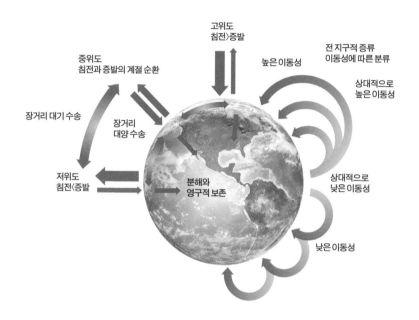

고위도
침전>증발

중위도
침전과 증발의 계절 순환

높은 이동성

전 지구적 증류
이동성에 따른 분류

상대적으로
높은 이동성

장거리 대기 수송

장거리
대양 수송

저위도
침전<증발

분해와
영구적 보존

상대적으로
낮은 이동성

낮은 이동성

↘ 잔류성 유기 오염 물질의 장거리 이동을 나타낸 모식도. 메뚜기 효과와 저온 동결 효과 통해
극지방까지 이동하여 남극이나 북극에서 사는 동물의 체내에 농축될 수 있다.

✳

지는 곳에서 멀리 떨어져 있으며 다른 대륙과 동떨어져 고립되어 있지만, 잔류성 유기 오염 물질은 한 군데 고정되어 있지 않고, 대기와 해류를 따라 장거리를 이동할 수 있다.

따뜻한 곳에서는 증발(evaporation)해 대기 중으로 방출되었다가 조금 더 추운 고위도 지역으로 이동하면 응축(disposition)되어 땅으로 내려온다. 이런 과정이 여러 번 반복하면, 물질이 지구 표면을 통통 튀어다니며 마치 메뚜기가 뛰어가는 것과 같은 효과(메뚜기 효과, grasshopping effect)를 통해 수천 킬로미터를 며칠 만에 이동할 수도 있다. 그렇게 이동을 하다가 추운 고위도 지역이나 고지대에서는 기화가 잘 일어나지 않아 이동을 멈추고 갇히게 된다. (이것을 저온 동결 효과(cold-trapping effect)라고 한다.) 따라서 적도 부근에서 만들어진 물질들도 메뚜기 효과로 인해 극지방까지 이동할 수도 있다.

산업 혁명 이래 오염 물질들은 주로 북반구에서 많이 발생해 왔다. 아프리카, 오스트레일리아, 남아메리카 등이 있는 남반구는 상대적으로 개발이 덜 되어 있었기 때문에 오염 물질 농도 또한 낮았다. 하지만 최근 남반구 국가들의 경제 성장에 따라 인간의 산업 활동이 빠르게 증가하면서 잔류성 유기 오염 물질이 많이 발생되었다. 이 물질들은 남극까지 장거리 이동을 통해 남극크릴 같은 작은 무척추동물에 흡수되었고, 웨델물범이나 남방코끼리물범처럼 포식자들의 몸에서는 생물 농축이 일어나 남극크릴의 30~160배가 검출되었다.[4]

극지방까지 퍼진 잔류성 오염 물질

글머리에 이야기했던 김준태 박사의 2015년 논문에 따르면, 남극 세종 기지 인근의 펭귄 마을에 사는 펭귄과 도둑갈매기 체내에서도 잔류성 유기 오염 물질이 검출되었다. 도둑갈매기들은 호시탐탐 펭귄의 새끼와 알을 노리는 사냥꾼이다. 포식자인 도둑갈매기과 피식자인 펭귄의 관계에서 펭귄의 피와 살은 먹이 사슬을 따라 도둑갈매기에게 전달된다.

만약 오염 물질들도 분해되지 않고 쌓여 생물 농축이 일어났다면, 펭귄에 비해 도둑갈매기가 훨씬 높은 오염 수치를 나타낼 것이란 예측이 가능하다. 결과를 보니 예상했던 것처럼, 먹이 사슬을 따

↘ 세종 기지 인근 펭귄 마을에서 펭귄의 사체를 먹는 갈색도둑갈매기와 남방큰풀마갈매기. 잔류성 유기 오염 물질들이 장거리를 이동해 남극 펭귄마을의 동물들에서도 검출되었으며, 펭귄-도둑갈매기의 먹이 사슬을 따라 생물 농축이 일어나는 것이 확인되었다.

※   18 남극의 메뚜기 효과

라 오염 물질이 증폭되어 도둑갈매기가 매우 높은 양을 지니고 있는 것으로 나타났다. 특히 그동안 남극 생체 시료에서 검출되지 않았던 세 종류의 물질들(다중염화 나프탈렌(polychlorinated naphthalenes, PCNs), 데클로란 플러스(Dechlorane Plus, DPs), 헥사브로모사이클로도데칸(Hexabromocyclododecanes, HBCDs)도 새로이 보고되었다.[5]

펭귄 마을의 오염 물질은 어디에서 왔을까? 앞서 이야기한 메뚜기 효과와 저온 동결 효과로 인해 대기를 통해 이동했을 수도 있으며 해수의 순환에 의해 해양 생태계를 따라 전달되었을 수도 있다. 하지만 또 다른 경우의 수도 배제할 수는 없다. 우선 펭귄이나 도둑갈매기 같은 이동성 동물들이 오염 물질에서 가까운 곳에 다녀오면서 옮겨 왔을 가능성이다. 남극의 겨울이 되면 따뜻한 곳을 찾아 수백 킬로미터 이상을 이동하는 과정에서 남반구 중위도 지역 근처나 아남극권에서 오염되었을 수도 있다. 또 다른 가능성은 남극 기지를 중심으로 한 인간 활동에 의한 오염이다. 세종 기지가 있는 킹조지 섬은 10개 이상의 기지가 모여 있는 '남극의 맨해튼'이라 불리는 곳이다. 남극이라고 하지만 각국 기지에 활동하는 인간의 방문이 잦은 장소이며, 기지 유지를 위해 사용하는 발전 시설과 소각장 등에서 잔류성 유기 오염 물질이 발생할 수 있는 여지가 있다.

남극에서도 오염 물질이 증가한다는 것은 안타까운 일이지만, 관련 연구를 하는 학자들 입장에서는 남극만큼 좋은 곳도 없다. 남극은 그동안 오염 물질의 농도가 극히 낮았기 때문에 현재 검출되는 물질은 비교적 최근에 합성된 물질일 가능성이 높기 때문에, 전 지구적

인 환경 변화를 모니터할 수 있는 지표가 된다.[6]

특히 온난화의 영향으로 인해 대기 중으로 빠져 나가는 오염 물질의 농도가 증가하고 극지역 이동이 활발해졌다. 강수량이 증가하면서 남극 대기 중에 갇혀 있던 물질이 토양이나 해양으로 흡수될 가능성도 또한 증가했다. 펭귄과 도둑갈매기의 몸속에는 앞으로 얼마나 많은 잔류성 유기 오염 물질이 축적될까? DDT로 인해 얇아진 알껍데기로 맹금류들이 위기에 빠졌듯이, 남극 동물들도 오염 물질로 인해 어떤 영향을 받고 있을지 모를 일이다.

↘ 남극 킹조지 섬에서 번식하는 남방큰재갈매기.

19

남방큰재갈매기의 팽창

나는 에어컨 바람을 좋아하지 않는다. 에어컨을 오래 켜 놓고 있으면 머리가 욱신욱신 아프고 속이 더부룩해지는 기분이 든다. 그래서 집에 에어컨이 없다. 그 대신에 여름이면 하루에 몇 번씩 샤워를 하며, 선풍기 두 대를 쉴 새 없이 돌린다. 이제까지는 이런 식으로 그럭저럭 버틸 만하다고 생각했는데, 2016년의 여름은 정말 버티기 힘들 만큼 더웠다. 열대야 때문에 밤마다 잠을 설쳤다. 연일 기상 관측 이래 최고의 폭염 기록이 경신되었다는 뉴스가 쏟아져 나왔다. 어지간하면 참아 보려 했지만 도저히 더위를 견디기 힘들어, 8월 중순이 되어서야 에어컨을 사려고 백화점과 인터넷 쇼핑몰을 돌아다녔다. 하지만 이미 예약이 너무 많이 밀려 있어 가을쯤 되어서야 에어컨 설치가 가능하다는 이야기를 듣고는 끝내 사지 못했다. 9월이 되도록 더위는 쉽게 꺾이지 않았고, 매일 밤 선풍기를 끌어안고 흐르는 땀을 닦아 내며 내년에는 꼭 여름이 오기 전 미리 에어컨을 구입하리라 다짐했다.

지구 온난화를 맞는 두 풍경

기상학자들의 보고에 따르면 이러한 더위는 한국에만 해당되는 것이 아닌 전 세계적인 현상이었다고 한다. 미국 해양 대기국(NOAA)에서는 2016년 여름 기온이 137년 관측사상 가장 높았다고 발표했다. 아직 학계에서 논란이 되는 주제이기는 하지만, 산업 혁명 이래 대기 중의 온실 기체 농도의 증가와 함께 지구의 평균 온도는 상승하고 있다. 지금과 같은 온난화가 계속된다면 2016년의 폭염 기록은 얼마 지나지 않아 경신될 것이다.

지구 온난화로 인한 해수면 상승으로 태평양에 있는 산호섬들이 사라질 위기에 처해 있다는 뉴스는 이미 우리에게 익숙한 이야기가 되어 버렸다. 오스트레일리아와 하와이 사이에 있는 투발루(Tuvalu)는 9개의 산호섬으로 이뤄진 국가인데, 그중 두 섬은 지난 20년 사이 이미 물에 잠겨 버렸다. 국토가 물에 완전히 잠기지 않더라도, 바닷물이 유입된 땅에는 염분이 증가해 경작이 불가능해지면서 사람들도 살기 힘들어졌다.

학자들의 예측에 따르면, 2060년이면 나머지 섬들도 모두 잠겨 투발루가 사라질 수도 있다고 한다. 이러한 예상은 비단 투발루에만 해당되는 것이 아니라 몰디브같이 해수면이 낮은 산호섬으로 이뤄진 국가들에 모두 해당된다. 또한 뉴욕이나 시드니, 광저우, 부산처럼 해안 가까이에 있는 도시들도 해수면 상승에 따라 많은 피해를 입게 될 것이라고 한다.

이처럼 지구 온난화로 대표되는 현재의 기후 변화는 많은 사람들의 생존이 달려 있는 실제적인 위협이 되고 있다. 하지만 지구 온난화를 은근히 반기는 국가도 있다. 북극점 가까이에 있는 그린란드가 대표적이다. 그린란드는 지구에서 가장 큰 섬이지만, 북극점에 가까운 고위도에 있기에 남쪽 해안을 중심으로 5만 명 정도의 사람들만 살고 있다. 그린란드는 비록 섬이지만, 남극처럼 육지 안쪽 대부분 지역이 두꺼운 얼음으로 덮여 있다. 전체 국토의 85퍼센트가 빙하인데, 매년 여름철 기온이 올라가면 잠시 빙하의 가장자리가 녹았다가 겨울이 되면 다시 얼어붙는다.

그런데 최근 들어서는 빙하가 녹는 면적이 점차 늘어나 땅이 드러나는 부분이 많아지고 있다. 관측이 시작된 지난 1979년부터 2002년까지 기록을 살펴보면 여름철 얼음이 녹는 면적이 대략 16퍼센트 증가했으며, 이후로도 계속 늘어나고 있는 추세다. 빙하가 녹으면 해수면이 상승하기 때문에 앞서 이야기한 투발루 같은 산호섬에 사는 나라들은 큰 걱정을 하지만, 그린란드 사람들에게는 얼음이 녹아 새로 생겨난 땅에 가축을 키우거나 작물을 재배할 수 있게 되었다.

이뿐 아니라 석유나 천연가스 같은 자원들을 개발할 수 있는 기회가 생겼다. 특히 그린란드에 많이 매장된 희토류는 배터리와 디스플레이에 꼭 필요한 원재료이기 때문에 비싼 값에 팔 수 있다. 두꺼운 얼음 밑에 있는 광물은 쓸모가 없지만, 얼음이 녹고 나면 채굴이 훨씬 수월해진다. 실제로 우리나라를 포함해 많은 국가들이 그린란드의 광물 자원 개발에 관심을 갖고 있다. 지구 온난화가 그린란드 사람들에겐 자원을 팔아 돈을 벌 수 있는 기회를 준 셈이다.

빙하 후퇴와 남극의 동물들

온난화는 전 지구적인 현상이지만, 몇몇 지역에서는 그 속도가 매우 빠르게 진행되고 있다. 남극 대륙의 서쪽 끄트머리에 있는 남극반도는 빙하 후퇴가 급속하게 진행되고 있는데,[1] 이렇게 빙하가 사라지면 빙하에 의존해 살아가던 바다 생물에게 영향을 끼치게 된다. 예를 들어 빙하가 사라지면 빙하 아래에서 플랑크톤을 먹고 살던 남극크릴들이 함께 줄어든다. 크릴의 감소는 크릴을 먹고 사는 펭귄의 취식 행동에 영향을 끼쳐 그들의 생존을 위협하게 된다. 결국 빙하의 후퇴는 남극 해양 생태계를 흔들 수 있다. 최근 연구에 따르면 현재 기후 변화가 계속된다고 가정했을 때, 이르면 2100년쯤 황제펭귄이 멸종 위기에 처할 수 있다고 한다.[2]

하지만 앞에서 이야기한 그린란드의 경우처럼, 자연 세계에서도 온난화를 반기는 동물도 있다. 남극에서는 남방큰재갈매기가 온난화의 수혜를 입고 있는 대표적인 동물이다. 연구자들의 보고에 따르면 남

물속을 나는 새

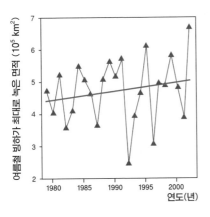

↘ 1979년부터 2002년까지 그린란드에서 여름철 빙하가 최대로 녹은 면적의 추이를 나타낸 그래프. 1979년도와 비교하면 2002년에는 16퍼센트가량 증가했다. 오른쪽 지도들에서 가장 적은 면적을 나타낸 1992년도(피나투보 화산 폭발이 일어난 뒤 측정)와 가장 넓은 면적을 나타낸 2002년도를 비교하면 매우 큰 차이가 나는 것을 알 수 있다.

방큰재갈매기는 남극에서 점차 번식지를 넓혀 가고 있다. 예전에는 남아메리카와 아프리카 해안가와 아남극권 도서 지역에서 번식하면서 남극반도에는 철에 따라 놀러오는 철새였는데, 1970년대 이후로는 남극반도를 포함한 남극의 여러 지역에서도 번식 활동이 꾸준히 기록되고 있다.

세종 기지가 있는 남극반도 사우스셔틀랜드 군도의 킹조지 섬도 빙하 후퇴가 관찰되는 대표적인 지역들 중 하나다. 세종 기지에서 해안가를 따라 북동쪽으로 1시간 30분 정도 걸어가면 나타나는 포터 소만(Potter Cove)에서는 빙하 후퇴와 남방큰재갈매기를 동시에 관찰할 수 있다.

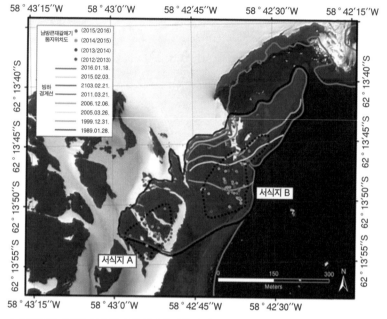

↘ 남극반도 킹조지 섬 포터 소만 지역의 빙하 경계선 변화와 남방큰재갈매기 둥지 분포도.
1989년부터 2016년까지 빙하 경계선은 점차 해안선을 기준으로 북서쪽 육지 방향으로 후퇴하
고 있으며, 이에 따라 새로이 노출된 땅에서 남방큰재갈매기 둥지가 2012년부터 매년 20~30개
가 관찰되었다.

物속을 나는 새

포터 소만은 킹조지 섬의 포케이드 빙하(Fourcade Glacier)가 닿는 곳이다. 내가 처음 포터 소만에 간 것은 2014년 12월이었는데, 해안가 바위들 사이로 대략 30쌍의 남방큰재갈매기가 둥지를 틀고 있었다. 그런데 예전부터 이곳에 왔던 연구자들의 이야기에 따르면, 둥지가 있던 지역이 과거에는 빙하로 덮여 있었고 매년 체감할 수 있을 정도로 빙하가 사라졌다고 한다. 남방큰재갈매기의 번식지를 방문했던 연구자가 과거에 찍은 현장 사진 둘을 보니, 과연 현재와 비교해 불과 몇 년 사이 수십 미터 정도 빙하가 사라졌다는 것을 느낄 수 있었다.

하지만 사람이 그냥 눈으로 확인하고 체감한 결과만을 가지고 빙하가 많이 후퇴했다고 말하는 것에는 오류가 있을 수 있다. 몇 년 사이에 얼마나 빙하가 녹아 사라졌는지를 정확히 보여 주는 측정치가 필요하다. 그리고 관찰된 빙하 부분이 정말 빙하인지 아니면 일시적으로 폭설이 내려 땅이 살짝 눈으로 덮인 것인지도 구분해야 했다.

그래서 우리는 이 지역을 찍은 고해상도 위성 사진 자료들을 찾아보았다. 눈이 내리거나 흐린 날을 제외하고 맑은 날 촬영된 사진만 골라보니, 빙하가 덮여 있는 곳과 땅이 노출된 지역은 색이 확연히 달라서 그 색깔 차이를 분석해 신뢰도가 높은 빙하 경계선을 측정할 수 있었다. 가장 오래된 사진은 1989년 미국의 위성 자료였는데, 27년이 지난 2016년의 사진 자료와 비교하면 빙하 경계선이 최대 300미터 가까이 차이가 났다. 해안선을 기준으로 북서쪽 방향으로 매년 10미터 정도씩 빙하가 후퇴하고 있으며, 빙하가 사라지면서 새로 드러난 땅에서 남방큰재갈매기가 번식하고 있었다.

지도에 그려 보니 1989년을 기준으로 빙하가 후퇴하면서 노출된 면적은 대략 9만 6000제곱미터였으며, 2012년부터 조사된 번식 기록을 보면 매년 20~30쌍의 남방큰재갈매기들이 크게 두 지역으로 나뉘어 터를 잡고 있었고 다른 조류들의 둥지는 관찰되지 않았다.[3]

남방큰재갈매기의 번식지 확장

남방큰재갈매기는 어떻게 이곳에 둥지를 틀게 되었을까? 남방큰재갈매기의 생태에 대한 연구 결과들을 찾아보니 과연 이곳은 이들이 번식하기에 알맞은 곳이다. 우선 빙하 후퇴 지역 인근의 해안가에는 둥지를 짓기 좋은 장소들이 많다. 빙하가 물러나면서 빙퇴석(moraine)들이 드러나게 되는데, 남방큰재갈매기들은 큰 바위 사이에 주로 둥지를 짓는다. 그리고 알을 따뜻하게 품기 위해서는 이끼나 지의류 같은 부드러운 재질의 둥지 재료가 필요한데, 이 주변에서는 재료들을 구하기 쉽다.[4] 또한, 둥지가 있는 지역의 인근은 남방큰재갈매기의 먹이인 삿갓조개(limpet)가 많아 먹이를 찾기 쉬운 곳이다. 워낙 삿갓조개를 좋아하기 때문에 둥지와 바위 주변에는 먹고 남은 삿갓조개 껍데기가 잔뜩 쌓여 있다. 게다가 주변에는 포식자들도 거의 서식하지 않는다. 비교적 새롭게 생겨난 땅이기 때문에 빈 곳이다. 바람을 막아 줄 커다란 바위와 둥지 재료들이 있고, 먹을 것들이 많은 이곳은 남방큰재갈매기가 번식하기에 안성맞춤이다.

그렇다면 빙하 후퇴 지역에 번식하는 남방큰재갈매기들은 어디

↘ 번식지에서 떼 지어 비행하는 남방큰재갈매기.

↘ 둥지에서 깨어난 남방큰재갈매기 새끼.

✳   19 남방큰재갈매기의 팽창

에서 왔을까? 이곳에서 남쪽으로 불과 2~3킬로미터 떨어진 포터 반도(Potter Peninsula)에는 1990년대부터 관찰된 번식지가 있다. 그리고 남서쪽으로 10~20킬로미터 바다를 가로질러 가면 넬슨 섬(Nelson Island)과 북동쪽으로 20~30킬로미터 떨어진 어드머럴티 만에도 번식지들이 분포해 있다.[5] 이 부근에서 번식하고 있는 남방큰재갈매기들의 숫자가 비교적 안정적이었다는 점을 감안하면[6], 이 번식지들에서 매년 태어나 성장한 어린 새들이 번식을 할 수 있는 나이가 되어 새로운 번식지를 찾아 분산해 나가는 과정에서 이 지역으로 왔을 가능성이 높아 보인다. 혹은 경쟁에서 밀려난 어른 새들이 이곳을 발견하고 둥지를 틀었을 가능성도 있을 것이다. 최근에도 포터 소만의 빙하 경계선은 계속 뒤로 물러나고 있는 추세다. 아마도 이런 양상이 계속된다면 남방큰재갈매기의 수는 더 늘어날 것으로 보인다. 이번 겨울에도 남극에 가면 이곳에 갈 예정인데, 빙하가 앞으로 어떻게 변화할지 그리고 남방큰재갈매기는 얼마나 늘어날지 꾸준히 모니터링을 할 계획이다.

온난화가 초래한 다수 생물종의 어려움

유독 여름을 잘 견디는 한 친구가 있다. 이 친구는 여름이 별로 힘들지 않다며 오히려 추운 겨울이 올까 봐 걱정이 된다고 했다. 더운 것은 괜찮지만 추운 것은 잘 못 참는 체질인데, 우리나라도 요즘 같아서는 살 만하다는 친구의 이야기에 갑자기 남방큰재갈매기들이 떠올랐다. 이 새들도 내 친구처럼 남극도 요즘 같아서는 살 만하다며 저희끼리 웃고 있을 것만 같다. 하지만 내 친구를 제외한 대부분의 사람들이 한국 여름 더위에 힘들어 했듯, 남극에 살고 있는 원주민인 펭귄들과 물범들도 달라진 기후에 괴로워하고 있을 것이다.

남극은 특히 다른 대륙들과 분리되어 안정적인 생태계를 유지하던 지역인데, 최근의 기후 변화는 극지방에서 더 빠르게 진행되면서 남극 생태계가 급속히 변하고 있다. 따라서 남극의 생태계 변화를 관찰하는 것은 온난화로 인한 지구의 환경 변화를 알 수 있는 지표가 된다.

남극 동물들이 기후 변화에 어떻게 대응해 나가는지를 통해 앞으로 우리가 나아가야 할 방향을 알 수 있지 않을까? 남극반도 지구 온난화의 승자는 남방큰재갈매기뿐이지만, 패자는 원래 이 지역의 기후에 적응해 살고 있던 나머지 모두다.

↘ 2006년 2월 세종 기지에 나타난 임금펭귄. 2003년 조난된 동료 구조 중 전복 사고로 사망한 전재규 대원을 기리는 동상이 보인다.

20 온난화에 대처하는 펭귄의 자세

새는 인간이 갖지 못한 날개로 하늘을 날고, 화려한 깃털과 다양한 울음소리로 짝을 찾는다. 제 모습을 숨기는 데 급급한 다른 파충류나 포유류와는 다르다. 그래서 조류의 아름다움에 매혹된 사람들이 많다. 쌍안경과 사진기를 들고 다니며 새를 좇아 관찰하는 일을 가리켜 별도의 용어로 버드워칭(birdwatching) 혹은 버딩(birding), 한자어로는 탐조(探鳥)라고 부른다. 나도 새를 연구하기 시작하면서 자연스레 탐조가가 되었다. 처음에는 기록장을 만들었지만 요즘은 따로 기록하는 대신 마음속에 적어 둔다.

지난 2016년 12월, 남극 세종 기지 인근 포터 반도에서 이제껏 보지 못한 새를 만났다. 바로 임금펭귄이다. 이 지역은 젠투펭귄과 아델리펭귄의 집단 번식지로 알려져 있었는데, 이들 틈에서 유달리 크고 오렌지 빛 깃털과 부리가 있는 녀석이 눈에 띄었다. 게다가 뱃속에는 커다란 알을 하나 품고 있었다. 세상에 임금펭귄을 보게 될 줄이야. 나는 마음속 리스트에 하나를 추가하며 조용히 환호성을 질렀다.

'남극에서 펭귄을 보는 일은 당연한 거 아니야? 뭐 그렇게 좋아할 것까지 있나?'라고 생각하는 분이 있을지도 모른다. 하지만 임금펭귄은 일반적으로 남위 45~55도에 해당하는 아남극권의 따뜻한 지역에서 번식한다. 그런 임금펭귄이 위도 62도 남극반도 끄트머리에 있는 킹조지 섬까지 온 것은 정말 이례적인 일이었다.

임금펭귄의 서식지 팽창

2006년 2월 세종 기지에서 임금펭귄이 관찰된 적이 있다. 당시 펭귄을 관찰했던 분들의 이야기를 들어보면, 임금펭귄 성체 한 마리가 세종 기지에 도착해 사람들을 두려워하지 않고 기지 건물 이곳저곳을 돌아다녔다고 한다. 그렇게 사흘 동안 머물던 펭귄은 다시 바다로 헤엄쳐 떠났고 그 후로는 더 이상 세종 기지 인근에서 임금펭귄이 관찰된 적이 없었다. 내가 지난해 12월에 본 것이 임금펭귄의 두 번째 관찰 기록일까? 알을 품고 있었다는 것은 번식을 한다는 뜻인데, 혹시 남극에서 임금펭귄의 첫 번째 번식 기록은 아닐까?

문헌을 살펴보니 아쉽게도 아르헨티나 연구진에게 선수를 빼앗겼

↘ 남극 킹조지섬 포터 반도에서 알을 품고 있는 임금펭귄. 지난 2011년부터 아델리펭귄과 젠투펭귄 번식지에 임금펭귄이 찾아와 새끼를 키우는 모습이 관찰되었다.

다. 2017년《폴라 바이올로지》에 발표된 논문에 따르면, 마리아나 후아레스(Mariana Juares) 박사 연구팀은 포터 반도 지역에서 2011년 12월 처음으로 임금펭귄 한 쌍을 발견했다.[1] 이후 매년 임금펭귄 한 쌍이 찾아와 알을 낳았지만 새끼가 부화하지는 못했다고 한다. 그러던 2015년 2월, 새끼가 성공적으로 태어나 이듬해 7월에는 둥지를 떠나는 것이 확인되었고, 이로써 남극 킹조지 섬도 이제 임금펭귄의 번식지 영역 중 하나가 되었다.

　임금펭귄을 남극에서 보게 되어 개인적으로 반갑기는 하지만, 아남극권에 사는 동물이 남극권 안에서 번식이 시작되었다는 점은 생태학적으로 봤을 때 그리 좋은 신호는 아니다. 우연히 거센 파도와 바람에 휩쓸려 우연히 임금펭귄 부부가 동시에 남쪽으로 떠밀려 왔을지도 모를 일이다. 하지만 매년 임금펭귄의 번식 시도가 관찰되고 있으며, 새끼도 잘 키워 독립시킨 것으로 미뤄볼 때 일시적인 현상으로 보이진 않는다.

그렇다면 아남극권에서 사는 임금펭귄이 남극으로 번식지를 확장시킨 결과일까? 임금펭귄의 번식이 확인된 남극반도는 현재 지구상에서 가장 빠르게 온난화가 진행되고 있는 곳 중 하나다. 특히 온난화로 인한 해수의 표면 온도 상승은 임금펭귄의 주요 취식 영역 확장에도 영향을 끼칠 수 있다.

내가 임금펭귄을 관찰한 포터 반도에서 북동쪽으로 약 200킬로미터 떨어진 위도 61도의 엘레펀트 섬(Elephant Island)에서는 2009년에 임금펭귄의 번식이 기록된 적이 있다.[2] 브라질의 마리아 버지니아 페트리(Maria Virginia Petry) 박사는 두 쌍의 임금펭귄이 알을 품어 새끼를 키우는 모습을 처음으로 확인하고 이를 학계에 보고했다. (위도 60도가 넘는 지역에서는 첫 기록이다.) 앞으로 더 많은 수의 임금펭귄들이 관찰되고 추가적인 번식지가 보고된다면, 지구 온난화에 따라 임금펭귄의 서식지가 팽창하고 있다는 가설을 뒷받침하는 근거가 될 수 있을 것이다.

펭귄은 한때 온난화의 수혜자였다

2만 년 전은 마지막 최대 빙하기(last glacier maximum)였다. 지금과 비교하면 겨울철 바다 얼음인 해빙(海氷)의 길이가 2배 정도 길었고, 계절마다 얼음의 변이가 심하게 나타났다. 영국의 펭귄 연구자 젬마 클루카스(Gemma Clucas) 박사 팀의 연구에 따르면, 황제펭귄들은 이 기간에 크게 증가한 해빙의 영향으로 대략 세 군데의 피난처(glacial refugia)에 고립되었다. 빙하기 동안 고립되었던 흔적은 아직도 미토콘드리아 염기 서열에 남아 있어, 연구진들은 현재 황제펭귄의 DNA를 역으로 추적할 수 있었다. 염기 서열 분석 결과를 보면, 황제펭귄들은 피난처에서 빙하기를 보낸 후 홀로세(Holocene, 약 1만 년 전부터 현재까지의 지질 시대)에 접어들어 기온이 올라가고 해빙의 길이가 줄어들자 그 숫자가 크게 증가했던 것으로 나타났다.[3]

온난화가 가속화한 홀로세 무렵, 남극에서 떨어진 아남극권에 살고 있던 펭귄들도 역시 환호했을 것이다. 기온이 올라 여름철 바다 얼음이 녹기 시작하면서 남극해의 바닷길이 열리고 먹을거리가 늘어났다. 특히 아델리펭귄처럼 바다 얼음 밑 크릴을 좋아하는 녀석들은 숫자가 빠르게 증가했다. 남극은 상대적으로 텅 빈 공간이었고 포식자는 거의 없었다. 또한 빙하가 후퇴하면서 둥지를 지을 만한 육지가 드러나기 시작했다. 황제펭귄을 제외한 대부분의 펭귄들에게는 번식을 위해 얼음이 덮여 있지 않은 노출된 공간이 필요하다. 화려하지는 않아도 작게나마 둥지를 만들어야 알을 낳고 따뜻하게 품어 새끼를 부화시킬 수 있기 때문이다. 온난화 덕택에 바닷가 부근에 둥지를 지을 만한 땅이 늘어나 펭귄들은 점차 남쪽으로 번식지를 확장시켜 갔다.

이때까지만 하더라도 펭귄은 온난화에 가장 잘 적응한 동물이었다. 그런데 최근의 온난화는 너무 급작스레 진행되면서 여름철에 유지되던 해빙이 녹으면서 번식에 애를 먹고 있다. 우선 남극펭귄들의 주요 먹이원인 크릴이 감소했다. 또한 거대한 빙붕이 깨져 나와 바다로 나가는 길을 막는 일도 생겼다. 특히 황제펭귄은 남극의 겨울 무렵 해빙 위에 모여 번식을 시작하는데, 해빙이 급격히 감소하면서 마땅히 번식을 할 만한 얼음이 사라졌다. 이처럼 급격한 온난화는 해빙에 의존적인 생활을 하고 있던 펭귄들에게 심각한 영향을 주고 있다.

제너럴리스트와 스페셜리스트

온난화에 따라 남극의 펭귄들은 감소 추세에 있는데도 유독 젠투펭귄의 숫자는 지난 40여 년 동안 꾸준히 증가하고 있다. 대체 그 비결은 무엇일까? 연구자들은 이들의 유연한 행동 패턴에서 이유를 찾고 있다. 미국의 마이클 폴리토(Michael Polito) 박사는 남극 리빙스턴 섬에서 젠투펭귄과 턱끈펭귄의 먹이원을 5년간 꾸준히 확인했다. 그 결과 젠투펭귄은 남극크릴 외에도 다양한 어류를 섭취했으며, 해마다 먹이원의 비율도 제각각으로 크게 변했다. 하지만 턱끈펭귄의 취식 행동을 조사해 보니 이들은 대부분의 먹이가 남극크릴에 특화되어 있다.[4]

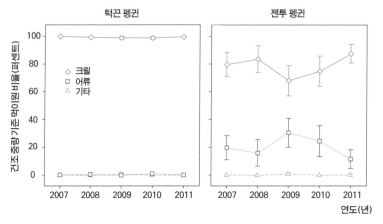

\ 2007년부터 2011년까지 리빙스턴 섬에 번식하는 턱끈펭귄과 젠투펭귄의 먹이원 비율 변화량. 턱끈펭귄은 연도와 상관없이 거의 크릴만 먹는 것으로 나타났지만, 젠투펭귄은 크릴과 어류를 모두 먹었으며 그 비율이 해마다 달라졌다.

앞에서 소개했던 후아레스 박사는 2011년, 2012년에 걸쳐 남극 킹조지 섬의 포터 반도에서 번식하는 젠투펭귄과 아델리펭귄의 먹이원을 비교했다. 이곳에 사는 젠투펭귄과 아델리펭귄들은 공통적으로 번식하는 기간에는 크릴을 주로 섭취했다. 하지만 젠투펭귄은 번식 전과 후의 기간에는 어류나 오징어 비율을 높였다. 아델리펭귄은 번식 단계와 상관없이 크릴에 대한 비중이 꾸준히 높게 나타났다.[5]

젠투펭귄들은 어떻게 먹이원 비율을 해마다 변화시킬 수 있었을까? 밀러 박사는 리빙스텀 섬에서 2002년부터 2008년까지 젠투펭귄의 몸에 수심 기록계를 달아 해마다 잠수 깊이, 먹이원 비율, 번식 성공률을 함께 추적했다. 연간 비교값을 살펴보면, 잠수 깊이의 변이는 매우 컸으며 먹이원 비율도 그에 따라 달라졌다. 반면 같은 기간에 번

20 온난화에 대처하는 펭귄의 자세

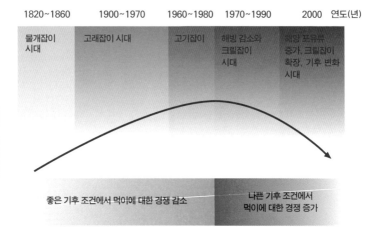

크릴의 상대적 가용성

| 1820~1860 | 1900~1970 | 1960~1980 | 1970~1990 | 2000 | 연도(년) |

물개잡이
시대

고래잡이 시대

고기잡이

해빙 감소와
크릴잡이
시대

해양 포유류
증가, 크릴잡이
확장, 기후 변화
시대

좋은 기후 조건에서 먹이에 대한 경쟁 감소 　　　나쁜 기후 조건에서
먹이에 대한 경쟁 증가

＼펭귄의 연도별 크릴 가용성.

식 성공률은 일정하게 유지된 점으로 미뤄봤을 때, 젠투펭귄은 먹이
환경에 따라 취식 전략을 변화시켜 새끼에게 주는 먹이량을 일정하
게 조절하는 것으로 보였다.[6]

　이런 결과들을 보면, 젠투펭귄처럼 다양한 먹이원과 취식 전략을
갖는 제너럴리스트(generalist)는 턱끈펭귄이나 아델리펭귄처럼 크릴
을 주식으로 삼는 스페셜리스트(specialist)에 비해 변화하는 환경에
잘 적응한 것으로 보인다. 특히 변화 폭이 크고 빠르게 일어나는 상황
에서는 그 차이가 더욱 크게 나타날 수도 있다. 남극반도 사우스셔틀
랜드 제도의 턱끈펭귄과 아델리펭귄 개체군은 지난 30년간 절반 이
상 감소했고, 젠투펭귄은 꾸준히 그 숫자가 증가하고 있다. 또한 포터
반도에 출현한 임금펭귄의 경우처럼, 아남극권에 살던 펭귄들은 조
금씩 남쪽으로 서식지를 넓히고 있는 것으로 보인다.

　＊　　　　　　　　　　　　　　　　물속을 나는 새

남극 동물들의 미래

인간이 남극에 나타나기 시작하면서 펭귄들은 인간 활동에 큰 영향을 받고 있다. 남극 스코티아 해(Scotia Sea)의 역사를 되짚어 보면, 19세기 초반에는 사람들이 모피를 얻으려고 많은 수의 남극물개를 잡아들였고 20세기 들어서는 고래잡이가 크게 유행했다. 20세기 중반부터는 남극빙어(ice fish)나 남극암치아목(Notothenioid)을 잡으려는 어업이 성행했는데, 이에 맞물려 턱끈펭귄과 아델리펭귄의 숫자는 오히려 늘어났다. 인간의 어업 활동에 따라 크릴을 먹이로 하는 주요 경쟁자들이 하나둘 사라지면서 반사 이익을 얻은 덕택이었다.

하지만 1970년대부터 인간은 물개나 고래 대신 펭귄의 먹이원인 크릴을 잡아들이기 시작했다. 또한 겨울철 평균 온도가 섭씨 5~6도 가량 상승하면서 해빙이 빠르게 감소했다. 이때부터 펭귄이 먹을 수 있는 크릴의 양이 줄어들었고, 포경 금지와 물개 보호 노력 덕택에 해양 포유류의 숫자가 회복되면서 먹이 경쟁은 심화되었다. 지금과 같은 추세로 온난화가 지속된다면 크릴을 주요 먹이원으로 삼는 펭귄들은 점차 줄어들 것이다.[7] 젠투펭귄이나 임금펭귄처럼 변화하는 환경 속에 이득을 보는 녀석들도 있지만, 결국 크릴과 같은 먹이원의 절대적인 양이 줄어들고 있는 상황에서는 이들의 미래도 밝지 않다.

눈 위에서 자고 있는 웨델물범. 털갈이를 하는 중이라 머리 아랫쪽 털이 빠졌다.

에필로그

초등학교 시절 대부분의 아이들이 그러하듯 산으로 들로 잠자리채를 들고 뛰어다니며 많은 곤충들을 '채집'했다. (왜 곤충 채집을 여름 방학 숙제로 내줬을까?) 어린 마음에 재미삼아 키워 보려 집으로 데려온 녀석들은 하나같이 며칠을 버티지 못하고 금방 죽어 나갔다. 차갑게 굳어 버린 잠자리와 매미를 땅에 묻던 어느 날, 다시는 곤충을 잡지 않기로 다짐했다.

곤충을 좋아하는 마음은 가득한데 그것을 어떻게 표현해야 하는지를 몰라 너무 잔인한 방법으로 그들을 괴롭혔다는 것을 깨달았다. 내가 무얼 할 수 있을까 스스로에게 물었을 때, 그 답은 '바라보기'였다. 정말 좋아한다면 옆에서 바라보는 것만으로도 좋지 않을까? 그렇게 옆에서 호기심을 가지고 바라보자, 그동안 보이지 않던 것들이 조금씩 보이기 시작했다. 하나같이 똑같아 보이던 개미들도 자세히 보니, 이름처럼 일을 열심히 하는 일개미와 날개를 가지고 혼인 비행에 나서는 수컷개미, 정말 가끔 눈에 띄는 커다란 배를 가진 여왕개미가 있다는 것을 알게 되었다.

중학교 시절, 여름이 시작할 무렵 집으로 오던 길에 나무를 기어올라 매미의 유충을 보았다. 허물을 벗고 진짜 우리가 알고 있는 매미의 모습으로 탄생하는 모습을 보느라 그 자리에서 밤이 될 때까지 자리를 뜨지 못했다. 그리고 이런 동물들을 연구하면서 살면 얼마나 좋을까 생각했다. 그때의 호기심 어린 마음이 아직 변하지 않아 다행히 동물을 연구하는 일을 직업으로 갖게 되었다. 지금은 매년 겨울이 되면 남극, 여름이면 북극에 사는 새들을 연구하러 떠난다. 그리고 극지방 동물들이 번식하는 철에 맞춰 그들을 '바라보고' 온다.

까치를 잡으러 다니던 대학원 시절부터 많은 분들의 도움을 받았다. 지도 교수였던 서울 대학교 피오트르 야브원스키(Piotr Jablonski) 교수님과 이상임 교수님은 동물 행동학의 기초와 자세를 가르쳐 주셨다. 이화 여자 대학교 최재천 교수님은 동물 행동학이라는 분야가 있다는 것을 처음 알려 주시고, 까치 연구를 할 수 있는 계기를 마련해 주셨다. 처음 남극에서 펭귄 연구를 시작했을 때부터 극지연구소 정호성 박사님, 김정훈 박사님, 정진우 박사님은 바이오로깅 연구가 잘 진행되도록 도와주셨다. 일본 극지연구소 고쿠분 교수는 2014년 조사를 함께 하면서 펭귄을 다루는 법부터 바이오로깅을 하는 방법을 세세히 알려 줬다. 네브라스카 대학교에서 거미를 연구하고 있는 최누리 연구원은 2015년 겨울을 함께했으며, 인천 대학교에서 연수생으로 참여해 극지연구소에서 펭귄 연구를 하고 있는 박성섭 연구원은 벌써 3년째 나와 같이하고 있다. 서울 대학교 이우신 교수님, 김한규 연구원, 정민수 연구원, 탁성준 연구원, 김준수 연구원도 남극의 바람을 함께 맞았다. 대학원 연구실 선배 이은영 선생님은 펭귄 연구 과정을 책으로 써 보지 않겠냐고 제안했고, 《한겨레》 사이언스온 오철우 기자님, 《한국일보》 동그람이 고은경 기자님, 《미래를 여는 극지인》 강윤성 편집자님께서 글을 게시할 공간을 마련해 주셨다.

극지에서 연구한다고 말하면 혹자들은 재밌어 보인다고 생각하지만, 추운 날씨 속에 동물들의 분비물에 맞고 공격을 당하기 일쑤여서 옷에는 악취가 배고 손은 상처투성이가 된다. 하지만 그들의 삶을 관찰하는 일은 분명 신나고 흥분되는 일이다. 이제까지 내가 관찰한 바로는 극지의 치열한 환경 속에서 적응해 살아가는 동물들이 사는 삶도 자본주의 사회의 치열한 경쟁 속에서 살아가는 사람들의 그것과 크게 다르지 않다. 귀여운 '뽀로로' 같은 펭귄도 채식주의자가 아닌 이상 물고기를 사냥해서 새끼들에게 먹여야 하고, 도둑갈매기도 펭귄 새끼를 잡아야 자기 새끼를 키울 수 있는 곳이 바로 남극이다.

2018년 가을 초입에

인천 송도에서

이원영

에필로그

후주

01 펭귄, 북극에 가다

1) YTN 사이언스. 2017년 5월 2일자 방송. "댓글탐구생활. '남극 신사' 펭귄, 북극에는 왜 없나요?".

2) Mayr G, De Pietri VL, Scofield RP. 2017. A new fossil from the mid-Paleocene of New Zealand reveals an unexpected diversity of world's oldest penguins. *The Science of Nature*. 104: 9.

3) Boersma PD. 1977. An ecological and behavioral study of the Galapagos Penguin. *Living Bird*. 15: 43-93.

4) Boersma PD. 1978. Galapagos Penguins as indicators of oceanographie conditions. *Science*. 200: 1481-1483.

5) Van Buren AN, Boersma PD. 2007. Humboldt Penguins (*Spheniscus humboldti*) in the Northern Hemisphere. *The Wilson Journal of Ornithology*. 119: 284-288.

6) Wilson RP, Simeone A,McGill P. 2000. Nota comple-mentaria a la observacion de un pinguino azul Eudyptula minor en la costa de Santo Domingo. *Boletin Chileno de Ornithology*. 1: 1-2.

7) Van Buren AN, Boersma PD. 2007. Humboldt Penguins (*Spheniscus humboldti*) in the Northern Hemisphere. *The Wilson Journal of Ornithology*. 119: 284-288.

8) Roberts P, Jørgensen D. 2016. Norwegian imperial authority in the interwar Arctic. *Journal of the History of Environment and Society*. 1: 65-87.

9) Roberts P, Jørgensen D. 2016. Norwegian imperial authority in the interwar Arctic. *Journal of the History of Environment and Society*. 1: 65-87.

10) Crosby A. 1986. *Ecological imperialism: the biological expansion of Europe, AD 900-1900*. Cambridge and New York.

11) Ricklefs RE. 2010. *The economy of nature*. Sixth edition.

02 동물원으로 간 펭귄

1) 장유진. 2014. 「훔볼트펭귄의 사육과 번식을 위한 관리방안에 대한 연구」. 순천대학교 산업정보대학원 수산자원개발학과 석사 학위 논문.

2) 김황. 2009. 『세상의 모든 펭귄 이야기』. 창비. 86-87.

3) 환경부. 2015. 「남극특별보호구역 모니터링 및 남극기지 환경관리에 관한 연구」.

4) Lee WY, Park S, Choi N, Kim KW, Chung H, Kim JH. 2016. Diving location and depth of breeding chinstrap penguins during incubation and chick-rearing period in King George Island, Antarctica. *Korean Journal of Ornithology*. 1: 41-48.

5) 김규태, 조성환, 손화영, 류시윤. 2005. 「자카스펭귄과 열빙어에서 분리된 Aeromonas hydrophilia의 생화학적 특성」. 대한수의학회지. 45: 563-568.

6) Kinney KS, Austin CE, Morton DS, Sonnenfeld G. 1999. Catecholamine enhancement of Aeromonas hydrophilia growth. *Microbial Pathogenesis*. 26: 85-91.

7) Flach EJ, Stevenson MF, Henderson GM. 1990. Aspergillosis in gentoo penguins (Pygoscelis papua) at Edinburgh Zoo, 1964 to 1988. *Veterinary Record*. 126: 81-85.

8) Calgary zoo website 'News Achieve' announcement on Nov 12th 2013. "Gentoo Penguin Houdini Succumbs to Aspergillosis" (https: //www. calgaryzoo. com/ media-releases/gentoo-penguin-houdini-succumbs-aspergillosis).

03 물속을 나는 새

1) Bicudo JEPW, Buttemer WA, Chappell MA, Pearson JT, Bech C. 2010. *Ecological and environmental physiology of birds*. New York: Oxford press. 167-186.

2) Gill FG. 2007. *Ornithology* third edition. New York: WH Freeman and Company. 115-140.

3) Kooyman GL, Drabek CM, Elsner R, Campbell WB. 1971. Diving behaviour of the Emperor Penguin Aptenodytes forsteri. *Auk*. 88: 775-795.

4) Kooyman GL, Kooyman TG. 1995. Diving behavior of Emperor penguins nurturing chicks at Coulman Island, Antarctica. *The Condor*. 97: 536-549.

5) Lee WY, Kokubun N, Jung J-W, Chung H, Kim J-H. 2015. Diel diving behavior of breeding gentoo penguins on King George Island in Antarctica. *Animal Cells and Systems*. 19: 274-281.

6) Lee WY, Kokubun N, Jung J-W, Chung H, Kim J-H. 2015. Diel diving behavior of breeding gentoo penguins on King George Island in Antarctica. *Animal Cells and Systems*. 19: 274-281.

7) Ponganis PJ, Stockard TK, Meir JU, Williams CL, Ponganis KV, Howard R. 2009. O2 store management in diving emperor penguins. *Journal of Experimental Biology*. 212: 217-224.

04 펭귄을 닮은 새

1) Errol Fuller. 2003. *The Great Auk: The Extinction of the Original Penguin*. Bunker Hill Publishing, Boston.

2) Jeremy Gaskell. 2000. *Who Killed the Great Auk*. Oxford University Press, New York.

05 펭귄은 어떻게 의사소통을 할까?

1) Jouventin P, Dobson FS. 2017. *Why penguins communicate: the evolution of visual and vocal signals*. London, UK. Academic press.

2) Aubin T, Jouventin P. 1998. Cocktail-party effect in king penguin colonies. *Proceedings of the Royal Society of London. B.* 265: 1665-1673.

3) Aubin T, Jouventin P. 1998. Cocktail-party effect in king penguin colonies. *Proceedings of the Royal Society of London. B.* 265: 1665-1673.

06 펭귄 카메라의 비밀

1) Naito Y. 2004. New steps in bio-logging science. *Memoirs of National Institute of Polar Research*. Issue 58: 50-57.

2) Takahashi A, Sato K, Naito Y, Dunn MJ, Trathan PN et al. 2004. Penguin-mounted cameras glimpse underwater group behaviour. *Proceedings of the Royal Society of London. B.* 271: S281-S282.

3) Watanabe YY, Takahashi A. 2013. Linking animal-borne video to accelerometers reveals prey capture variability. *Proceedings of the National Academy of Science*. 110: 2199-2204.

4) Handley JM, Pistorius P. 2015. Kleptoparasitism in foraging gentoo penguins Pygoscelis papua. *Polar Biology*. 39: 391-395.

5) Choi N, Kim JH, Kokubun N, Park S, Chung H, Lee WY. Group association and vocal behaviour during foraging trips in Gentoo penguins. *Scientific Reports*. 7: 7570.

07 펭귄의 사랑과 전쟁

1) Dobson FS, Nolan PM, Nicolaus M, Bajzak C, Coquel AS, Jouventin P. 2008. Comparison of color and body condition between early and late breeding king penguins. *Ethology*. 114: 925-933.

2) Massaro M, Davis LS, Darby JT. 2003. Carotenoid-derived ornaments reflect parental quality in male and female yellow-eyed penguins(*Megadyptes antipodes*).

Behavioral Ecology and Sociobiology. 55: 169-175.

3) Cuervo JJ, Palacios MJ, Barbosa A. 2009. Beak colouration as a possible sexual ornamnet in gentoo penguins: sexual dichromatism and relationship to body condition. *Polar Biology.* 32: 1305-1314.

4) Black, J. M., ed. 1996. *Partnerships in Birds.* Oxford University Press.

5) Coulson JC. 1966. Influence of pair-bond and age on breeding biology of kittiwake gull Rissa tridactyla. *Journal of Animal Ecology.* 35: 269-279.

6) Ens, B. J., Safriel, U. N. and Harris, M. P. 1993. Divorce in the long-lived monogamous oystercatcher (*Haematopus ostralegus*): incompatibility or choosing the better option? *Animal Behaviour.* 45: 1199-1217.

7) Black, J. M., ed. 1996. *Partnerships in Birds.* Oxford University Press.

8) Bried J, Jiguet F, Jouventin P. 1999. Why do Adptenodytes penguins have high divorce rates? *The Auk.* 116: 504-512.

펭귄의 이혼율

종	이혼율(퍼센트)
황제펭귄	85
임금펭귄	75
젠투펭귄	27
바위뛰기펭귄	21
턱끈펭귄	18
노란눈펭귄	18
아프리카펭귄	14
피오르드랜드펭귄	9
마카로니펭귄	9
리틀펭귄	3

출처: Dubois, F, Cezilly F, Pagel M. 1998. Mate fidelity and coloniality in waterbirds: a comparative study. *Oecologia.* 116:433-440.

9) Williams TD, Rodwell S. 1992. Annual variation in return rate in breeding gentoo and macaroni penguins. *Condor.* 94: 636-645.

08 암수를 구별하는 수학식

1) Renner M, Valencia J, Davis LS, Saez D, Cifuentes O. 1998. Sexing of adult gentoo Penguins in Antarctica using morphometrics. *Colon Waterbirds*. 21: 444-449.

2) Polito MJ, Clucas GV, Hart T, Trivelpiece WZ. 2012. A simplified method of determining the sex of Pygoscelis penguins using bill measurements. *Marine Ornithology*. 40: 89-94.

3) Lee WY, Jung J-W, Han Y-D, Chung H, Kim J-H. 2015. A new sex dermination method using morphological traits in adult chinstrap and gentoo penguins on King George Island, Antarctica. 19: 1-11. '0.369×(부리 길이) + 0.456×(부리 두께) - 26.379'라는 판별식을 얻었다. 이 식에 부리 길이와 부리 두께 측정치를 대입하고 그 결과 값이 -0.008보다 크면 수컷으로 구분했다.

4) Lee WY, Jung J-W, Han Y-D, Chung H, Kim J-H. 2015. A new sex dermination method using morphological traits in adult chinstrap and gentoo penguins on King George Island, Antarctica. 19: 1-11. '0.228×(부리 두께) + 0.274×(가운데 발가 락 길이) - 34.899'라는 판별식을 구했다. 펭귄의 부리 두께와 가운데 발가락 길이를 식에 대입해서 얻은 값이 0보다 크면 수컷이고 작으면 암컷이며, 이 경우 턱끈펭귄과는 조금 다 르게, 부리 두께뿐 아니라 가운데 발가락 길이가 중요했다.

09 돌 품는 펭귄

1) Coulter MC. 1980. Stones: an important incubation stimulus forgulls and terns. *Auk*. 97: 898-899.

2) Conover MR. 1985. Foreign objects in bird nests. *Auk*. 102: 696-700.

3) Witteveen M, Brown M, Ryan PG. 2015. Pseudo-egg and exotic egg adoption by Kelp Gulls Larus dominicanus vetula. *African Zoology*. 50: 59-61.

4) Conover MR. 1985. Foreign objects in bird nests. *Auk*. 102: 696-700.

5) Conover MR. 1985. Foreign objects in bird nests. *Auk*. 102: 696-700.

6) Witteveen M, Brown M, Ryan PG. 2015. Pseudo-egg and exotic egg adoption by Kelp Gulls Larus dominicanus vetula. *African Zoology*. 50: 59-61.

7) Knight R, Erickson A. 1977. Objects incorporated within clutches ofthe Canada Goose. *Western Birds*. 8: 108.

8) Guay PJ, Gregurke J, Hall CG. 2006. A Black Swan Incubating Glass Bottles. *Australian Field Ornithology*. 23: 50-52.

9) Hobson KA. 1989. Pebbles in nests of Double-crested Cormorants. *Wilson Bulletin*. 10: 107-108.

10 펭귄의 육아

1) Groscolas R. 1990. Metabolic adaptations to fasting in Emperor and King penguins. *Penguin Biology* (eds L. S. Davies & J. T. Darby), 269-296. Academic Press, New York.

2) Lee WY, Park S, Choi N, Kim KW, Chung H, Kim JH. 2016. Diving location and depth of breeding chinstrap penguins during incubation and chick-rearing period in King George Island, Antarctica. 1: 41-48.

3) 환경부. 2014. 「남극특별보호구역 관리 및 모니터링에 관한 연구(4)」.

4) 환경부. 2014. 「남극특별보호구역 관리 및 모니터링에 관한 연구(4)」.

5) Bustamante J, Cuervo JJ, Moreno J. 1992. The function of feeding chases in the chinstrap penguin, Pygoscelis antarctica. *Animal Behavior*. 44: 753-759.

11 턱끈펭귄 실종 사건

1) Biuw M, Lydersen C, Nico de Bruyn PJ, Arriola A, Hofmeyr et al. 2010. Long range migration of a chinstrap penguin from Bouvetøya to Montagu Island, South Sandwich Islands. *Antarctic Science*. 22, 157-162.

2) Convey P, Morton A & Poncet J. 1999. Survey of marine birds and mammals of the South Sandwich Islands. *Polar Record*. 35, 107-124.

3) 한국해양과학기술원부설극지연구소. 2017. 「CCAMLR 생태계모니터링 수행을 위한 장기 연구기반 구축」 보고서.

4) Bost CA et al. 2009. Where do penguins go during the inter-breeding period? Using geolocation to track the winter dispersion of the macaroni penguin. *Biology Letters*. 5: 473-476.

5) Ballard G et al. 2010. Responding to climate change: Adelie Penguins confront astronomical and ocean boundaries. *Ecology*. 91: 2056-2069.

12 펭귄은 얼마나 오래 살까?

1) Ambrosini R, Bolzern AM, Canova L, Arieni S, Møller AP & Saino N. 2002. The distribution and colony size of barn swallows in relation to agricultural land use. *Journal of Applied Ecology*. 39: 524-534.

2) Whittington PA, Dyer BM & Klages NTW. 2000. Maximum longevities of African Penguins Spheniscus demersus based on banding records. *Marine Ornithology*. 28: 81-82.

3) Dann PM, Carron B, Chambers L, Chambers T, Dornom A, Mclaughlin B, Sharp ME, Talmage R, Thoday, and S Unthank. 2005. Longevity in Little Penguins *Eudyptula*

minor. Marine Ornithology. 33: 71-72.

4) Carson J. BIRD WATCH: 'Wisdom' lives on in albatross colony. *Peninsula Daily News.* Jan 28th, 2017.

5) Arnold C. World's oldest wild bird bas baby at 66. *National Geographic.* Feb 17th, 2017.

13 젠투펭귄과 턱끈펭귄이 함께 사는 법

1) Miller et al. 2010. Foraging-niche separation of breeding gentoo and chinstrap penguins, South Shetland Islands, Antarctica?. *The Condor.* 112: 683-695.

2) Kokubun et al. 2010. Comparison of diving behavior and foraging habitat use between Chinstrap and Gentoo Penguins breeding in the South Shetland Islands, Antarctica. *Marine Biology.* 157: 811-825.

3) 환경부. 2015년. 「남극특별보호구역 모니터링 및 남극기지 환경관리에 관한 연구」.

14 자연이 나를 부를 때

1) Lee WY et al. 2012. Genetic composition of communal roosts of the Eurasian Magpie (*Pica pica*) inferred from non-invasive samples. *Zoological Science.* 29: 766-769.

2) Meyer-Rochow VB et al. 2013. Pressures produced when penguins pooh-calculations on aviandefaecation. *Polar Biology.* 27: 56-58.

3) Kim O-S et al. 2012. Bacterial diversity in ornithogenic soils compared to mineral soils on King George Island, Antarctica. *Journal of Microbiology.* 50: 1081-1085.

15 그때 그 새는 나를 기억하고 있었네

1) Hunt GR. 1996. Manufacture and use of hook-tools by New Caledonian crows. *Nature.* 379: 249-251.

2) Bird CD, Emery NJ. 2009. Insightful problem solving and creative tool modification by captive nontool-using rooks. *Proceedings of the National Academy of Sciences of the United States of America.* 106: 10370-103755.

3) Bird CD, Emery NJ. 2009. Rooks use stones to raise the water level to reach a floating worm. *Current Biology.* 19: 1410-1414.

4) Emery NJ, Clayton NS. 2004. The mentality of crows: convergent evolution of intelligence in corvids and apes. *Science.* 306: 1903-1907.

5) Troscianko J, von Bayern AM, Chappell J, Rutz C, Martin GR. 2012. Extreme binocular vision and a straight bill facilitate tool use in New Caledonian crows.

Nature communications. 3: 1110.

6) Levey DJ, Londono GA, Ungvari-Martin J, Hiersoux MR, Jankowski JE, Poulsen JR, Stracey CM, Robinson SK. 2009. Urban mockingbirds quickly learn to identify individual humans. *Proceedings of the National Academy of Sciences of the United States of America.* 106: 8959-8962.

7) Marzluff JM, Walls J, Cornell HN, Withey JC, Craig DP. 2010. Lasting recognition of threatening people by wild American crows. *Animal Behaviour.* 79: 699-707.

8) Lee WY, Lee S-I, Choe JC, Jablonski PG. 2011. Wild birds recognize individual humans: experiments on magpies, *Pica pica. Animal Cognition* 14: 817-827.

9) Lee WY, Han YD, Lee S-I, Jablonski PG, Jung JW, Kim JH. 2016. Antarctic skuas recognize individual humans. *Animal Cognition.* 19: 861-865.

10) Morand-Ferron J, Sol D, Lefebvre L. 2007. Food stealing in birds: brain or brawn? *Animal Behaviour.* 74: 1725-1734.

11) Davis H, Ackerman C & Silver A. 2006. Discrimination between familiar and novel humans by Gentoo penguins(*Pygoscelis papua papua/ellsworthii*). In Bekoff M. & Goodall J. (Eds.) *Encyclopedia of Human Animal Relationships.* Greenwood Press.

16 조용한 눈맞춤

1) Gallon N. Dindim the penguin returns to the man who saved his life. CNN new. Septempber 28th, 2016.

2) Bishop R. Incredible moment zookeeper narrowly avoids getting mauled by leopard after heroic tiger leaps to his rescue. *Mirror.* August 15 2016.

3) Associated press. Dolphins save swimmers from shark attack. *The Guardian.* November 23 2004.

4) Fallow PM, Magrath RD. 2010. Eavesdropping on other species: mutual interspecific understanding of urgency information in avian alarm calls. *Animal Behaviour.* 79: 411-417.

5) Oda R. 1998. The responses of Verreaux's sifakas to anti-predator alarm calls given by sympatric ring-tailed lemurs. *Folia Primatol.* 69: 357-360.

6) Farine DR, Aplin LM, Sheldon BC, Hoppitt W. 2015. Interspecific social networks promote information transmission win wild songbirds. *Proceedings of the Royal Society B: Biological Sciences.* B 282: 20142804.

7) Clutton-Brock J. 1995. *Origins of the dog: domestication and early history. In: The domestic dog* (ed) Serpell J. Cambridge University Press.

8) 헬무트 브라케르트, 코라 판 클레펜스. 최상안, 김정희 옮김. 2002. 『개와 인간의 문화사』.

백의.

17 스트레스 받는 펭귄

1) Ellenberg U, Mattern T, Houston DM, Davis LD, Seddon PJ. 2012. Previous experiences with humans affect responses of Snares penguins to experimental disturbance. *Journal of Ornithology*. 153: 621-631.

2) Ellenberg U, Setiawan AN, Cree A, Houston DM, Seddon PJ. 2007. Elevated hormonal stress response and reduced reproductive output in yellow-eyed penguins exposed to unregulated tourism. *General and Comparative Endocrinology*. 152: 54-63.

3) Holmes ND, Giese M, Achurch H, Robinson S, Kriwoken LK. 2006. Behavior and breeding success of gentoo penguins *Pygoscelis papua* in areas of low and high human activity. *Polar Biology*. 29: 399-412.

4) Lee WY et al. 2017. Behavioral responses of chinstrap and gentoo penguins to a stuffed skua and human nest intruders. *Polar Biology*. 40: 615-624.

18 남극의 메뚜기 효과

1) 린다 리어. 김홍옥 옮김. 2004. 『레이첼 카슨 평전』. 샨티.

2) 임경순. 「레이철 카슨의 '침묵의 봄'(1962) 출현의 역사적 배경 및 그 영향」. 《의사학》 9: 99-109.

3) Porter RD, Wiemeyer SN. 1969. Dielderin and DDT: effects on sparrow hawk eggshells and reproduction. *Science*. 165: 199-200.

4) Goerke H, Weber K, Bornemann H, Ramdohr S, Plotz J. 2004. Increasing levels and biomagnification of persistent organic pollutants (POPs) in Antarctic biota. *Marine Pollution Bulletin*. 48: 295-302.

5) Kim JT, Son MH, Kang JH, Kim JH, Jung JW, Chang YS. 2015. Occurrence of legacy and new persistent organic pollutants in avian tissues from King George Island, Antarctica. *Environmental Science & Technology*. 49: 13628-13638.

6) Nash SB. 2011. Persistent organic pollutants in Antarctica: current and future research priorities. *Journal of Environmental Monitoring*. 13: 497.

19 남방큰재갈매기의 팽창

1) Cook AJ, Fox AJ, Vaughan DG et al. 2005. Retreating glacier fronts on the Antarctic Peninsula over the past halfcentury. *Science* 308: 541-544.

2) Jenouvrier S, Holland M, Stroeve J et al. 2014. Projected continent-wide declines of

the emperor penguin under climate change. *Nature Climate Change* 4: 715-718.

3) Lee WY, Kim H, Han Y et al. 2017. Breeding records of kelp gulls in areas newly exposed by glacier retreat on King George Island, *Antarctica. Journal of Ethology.* 1: 131-135.

4) Suarez N, Pozzi L, Yorio P. 2010. Nest site selection of the Kelp gull (*Larus dominicanus*) in the Beagle Channel, Tierra del Fuego, Argentina. *Polar Biology* 33: 215-221.

5) Sander M, Carneiro APB, Mascarello NE et al. 2006. Distribution and status of the kelp gull, Larus dominicanus Lichtenstein (1823), at Admiralty Bay, King George Island, South Shetland, Antarctica. *Polar Biology.* 29: 902-904.

6) Branco JO, Costa ES, Araujo J et al. 2009. Kelp gulls, *Larus dominicanus* (Aves: Laridae), breeding in Keller Peninsula, King George Island, Antarctic Peninsula. *Zoologia.* 26: 562-566.

20 온난화에 대처하는 펭귄의 자세

1) Juares MA, Ferrer F, Coria NR et al. 2017. Breeding events of king penguin at the South Shetland Islands: Has it come to stay? *Polar Biology.* 40: 457-461.

2) Petry MV, Basler AB, Valls FSL et al. 2013. New southerly breeding location of king penguins(*Aptenodytes patagonicus*) on Elephant Island(*Maritime Antarctic*). *Polar Biology.* 36: 603-606.

3) Clucas GV, Dunn MJ, Dyke G et al. 2014. A reversal of fortunes: climate change 'winners' and 'losers' in Antarctic Peninsula penguins. *Scientific Reports.* 4: 5024.

4) Polito MJ, Trivelpiece WZ, Patterson WP et al. 2015. Contrasting specialist and generalist patterns facilitate foraging niche partitioning in sympatric populations of Pygoscelis penguins. *Marine Ecology Progress Series.* 519: 221-237.

5) Juares MA, Santos M, Mennucci JA, Coria NR, Mariano-Jelicich R. 2016. Diet composition and foraging habitats of Adelie and gentoo penguins in three different stages of their annual cycle. *Marine Biology.* 163: 105.

6) Miller, AK, Karnovsky, NJ & Trivelpiece, WZ. 2009. Flexible foraging strategies of gentoo penguins Pygoscelis papua over 5 years in the South Shetland Islands, Antarctica. *Marine Biology.* 156, 2527-2537.

7) Trivelpiece WZ et al. 2011. Variablitiy in krill biomass links harvesting and climate warming to penguin population changes in Antarctica. *Proceedings of the National Academy of Sciences.* 108: 7625-7628.

찾아보기

도판 저작권

6, 16, 50, 56, 61, 66, 68, 73, 79, 82, 86, 89(왼쪽), 96, 100, 103, 104, 107, 126, 132, 138, 139, 141, 151, 156, 159, 161, 170, 182, 204, 208쪽 이원영 *11쪽 박성섭 *14, 39, 46, 76, 98, 108, 111, 118, 123, 191(위), 191(아래), 197쪽 정진우 *20쪽 ⓒ putneymark *25쪽 ⓒ Liam Quinn from Canada *28쪽 ⓒ Hakan Svensson(Xauxa) *31쪽(위) ⓒ Martyn Gorman *31쪽(아래) ⓒ Alf Schrøder *33쪽 ⓒ Bernard Spragg. NZ from Christchurch, New Zealand(King Penguin. Calgary Zoo.) *37쪽 극지연구소 제공 (촬영: 이창섭) *42쪽 Lee WY, Kokubun N, Jung JW, Chung H, Kim JH. 2014. Diel diving behavior of breeding gentoo penguins on King George Island in Antarctica. *Animal Cells and Systems*. 19: 274-281)을 참조해 새로 그린 것이다. *48쪽 미국조류학회(AOU) *53쪽 ⓒ MMessina1245 *64쪽 극지연구소 제공(촬영: 양정현) *71쪽(위) ⓒ Ben Tubby(flickr.com) *71쪽(아래) ⓒ Matt Binns *81쪽 Renner M, Valencia J, Davis LS, Saez D, Cifuentes O. 1998. Sexing of adult gentoo Penguins in Antarctica using morphometrics. *Colon Waterbirds*. 21: 444-449을 참조해 새로 그린 것이다. *83쪽 Amat JA, Vinuela J, Ferrer M. 1993. Sexing chinstrap penguins (Pygoscelis antarctica) by morphological measurements. *Colon Waterbirds*. 16:213-215을 참조해 새로 그린 것이다. *89쪽(오른쪽) Conover MR. 1985. Foreign objects in bird nests. *The Auk*. 102: 696-700을 참조해 새로 그린 것이다. *115쪽 구글어스 참조 *120쪽 ⓒ USFWS - Pacific Region *130쪽 극지연구소 제공(촬영: 이병길) *135쪽 극지연구소 제공(촬영: 임완호) *136쪽 Meyer-Rochow VB, Gal J. 2003. Pressures produced when penguins pooh-calculations on aviandefaecation. *Polar Biology*. 27:56-58을 참조해 새로 그린 것이다. *165쪽 ⓒ Steve from Bangkok, Thailand *167쪽 Lee WY et al. 2017. Behavioral responses of chinstrap and gentoo penguins to a stuffed skua and human nest intruders. *Polar Biology*. 40: 615-624을 참조해 새로 그린 것이다. *177쪽 UNEP *179쪽 Kim JT, Son MH, Kang JH, Kim JH, Jung JW, Chang YS. 2015. Occurrence of legacy and new persistent organic pollutants in avian tissues from King George Island, Antarctica. *Environ. Sci. Technol.* 49: 13628-13638을 참조해 새로 그린 것이다. *187쪽 Konrad Steffen and Russell Huff, CIRES, University of Colorado at Boulder from NSIDC and NASA. *188쪽 Lee WY et al. 2017. Breeding records of kelp gulls in areas newly exposed by glacier retreat on King George Island, Antarctica. *J. Ethol.* 35: 131-135을 참조해 새로 그린 것이다. *194쪽 극지연구소 제공(촬영: 19차 월동대) *201쪽 Meyer-Rochow VB, Gal J. 2003. Pressures produced when penguins pooh- calculations on aviandefaecation. *Polar Biology*. 27:56-58을 참조해 새로 그린 것이다. *202쪽 Trivelpiece WZ et al. 2011. Variablitiy in krill biomass links harvesting and climate warming to penguin population changes in Antarctica. *PNAS*. 108: 7625-7628을 참조해 새로 그린 것이다.

물속을 나는 새

1판 1쇄 펴냄 2018년 9월 21일
1판 5쇄 펴냄 2020년 8월 28일

지은이 이원영
펴낸이 박상준
펴낸곳 (주)사이언스북스

출판등록 1997. 3. 24.(제16-1444호)
(06027) 서울특별시 강남구 도산대로1길 62
대표전화 515-2000 팩시밀리 515-2007
편집부 517-4263 팩시밀리 514-2329
www.sciencebooks.co.kr

ISBN 979-11-89198-14-5 03470

신문사 과학 웹진의 운영자 시절에 나는 이 책의 저자인 이원영 박사가 보내오는 남극 연재 원고들을 통해 이 책에 담긴 많은 내용을 미리 읽는 행운을 누렸던 적이 있다. 충실한 관찰과 문헌에 바탕을 둔 그의 원고를 읽는 동안에 사무실 책상 위 컴퓨터 화면을 벗어나 그 하얀 세상 남극의 자연과 생태를 상상하며 시원한 독서의 즐거움을 경험하곤 했다. 흔히 알려진 신기하고 귀여운 펭귄들의 세상만이 전해진 건 아니다. 펭귄들의 치열한 일상 삶도 있고 기후 변화로 인해 초래되는 안타까운 생태 변화의 소식도 들린다. 우리한테는 멀리 떨어진 세상이지만 상상과 공감을 빚어내는 그의 이야기는 우리와 남극을 쉽게 이어 준다. 까치를 연구하던 젊은 동물 행동학자가 우연한 기회에 찾아간 새로운 생태계 연구 현장인 남극. 거기에서 낯설게 새로운 연구를 시작했을 그가 마주친 펭귄과 자연 생태에 관해서 그는 꼼꼼하게 관찰하고 기록하고 논문을 읽고 쓰며, 우리가 잘 몰랐던 남극 펭귄 세상의 진짜 이야기를 전한다. 그러는 사이에 그는 이제 누가 봐도 까치의 친구일 뿐 아니라 남극 펭귄의 친구가 된 듯하다.

- 오철우《한겨레》선임 기자)

돌을 넘긴 지 얼마 되지 않은 딸이 아는 동물은 두 손에 꼽을 정도다. 그중 펭귄은 언제나 가장 좋아하는 동물 1, 2위를 다툰다. 우리 모두는 어린 시절에 이 독특한 새에게 매료된 적이 반드시 있다. 그런데 다 자란 뒤에는 두어 마디 상식 외에 펭귄에 대해 아는 게 없는 이유는 무엇일까? 현장에서 펭귄을 제대로 연구하고, 그것을 능숙한 입담으로 풀어내는 연구자가 가까이에 없었기 때문 아닐까? 이원영 박사는 글 이전에 "이원영의 남극 일기"라는 네이버 오디오클립의 목소리로, 그리고 그 이전에는 까치의 얼굴 인식 능력과 관련한 유명한 실험으로 먼저 이름을 알린 연구자다. 새와 행동 생태, 그리고 남극이라는 현장에 대해 누구보다 잘 알고 좋아하는 사람이다. 모두가 삶의 어느 순간 잊고 지내게 된 펭귄 이야기를 작정하고 들려주기에 이원영 박사보다 더 적합한 사람은 없다고 확신한다. 무엇보다, 관찰하고 연구하는 대상을 향한 애정 어린 시선이 글 곳곳에서 느껴진다. 추운 고장과 그곳의 생명을 이야기하는 책이 따뜻할 수 있는 이유겠다.

- 윤신영《동아사이언스》전문 기자)